KB090461

Hotel
Management

호텔경영론

정성채

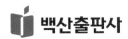
백산출판사

머리말

    미래는 경쟁분위기가 고조되고 보다 세련된 소비자의 만족충족을 실현하기 위한 고객위주의 주문생산(customization)이 강조되며, 생산물의 포트폴리오 마케팅(Portfolio Marketing), 즉 한정된 자본을 바탕으로 일정한 안전도를 유지하면서 최고의 이익을 올릴 수 있도록 상품을 선택·조합하는 것으로 초이스 호텔(Choice Hotel International)과 제너럴 밀스(General Mills)의 경우는 숙박과 식사업과의 관계를 강조하는데, 이는 제도를 통한 다양성을 효과적으로 할 수 있고, 시장에 있어서 기회를 제공하고, 경우에 따라서는 싸고 재정의 효율화를 기할 수 있는 데 있다. 유통체계는 간접유통체계(ICDs)의 경향으로 되며, 이는 베스트 웨스틴(Best Westin)의 콘소시움, 뭬벤픽(Movenpick Hotels International), SAS International Hotel의 가맹점, 우텔(Utell International)처럼 투어 오퍼레이터(tour operator)와 여행사 등의 대표회사 등을 통한 서로의 간접 채널을 구성하는 것이 그것이다. 값체계는 기존의 원가중심에서 가치값(Value Price)·기댓값(Expectation Price) 그리고 심리값(Psychological Price) 등의 고객가격으로 전환되는 분위기다. 기존의 이익경영개념에 기초한 경영체계에 현대화된 CRS시스템의 증강 및 이용으로 이익긍정주의, 판매시설의 확충을 통한 이용성을 높이고, 서로 다른 시장세분화조정에 초점을 맞춘 이익경영 테크닉이 강조되고 있다. 촉진수단은 환대산업의 세계화에 따른 지구촌경영으로 표준화된 상품개발에 의한 규모의 능률, 신뢰할 수 있는 질, 합리적인 값의 필요성이 강조되는데, 전세계 각기 다른 특성과 문화 및 환경의 차이에도 불구하고 그들의 요구에 부응하는 국제마케팅 개념을 도입함으로써 지역국가 소비자의 편익에 따른 다른 시장세분화로 효과적인 편익세분화 전략이 필요할 것이다.

    미래의 환대마케팅은 매스마케팅(Mass Marketing)에서 마이크로마케팅

(Micro Marketing)으로 될 경향인데, 마이크로마케팅(Micro Marketing)은 소비자와 가까이 하고, 소비자위주와 표적의 접근에 유통목적의 중개자를 사용하는 것이다. 21세기의 환대산업 마케팅은 환경친화적 경향의 그린마케팅(Green Marketing)이, 그리고 릴레이션십 마케팅(Relationship Marketing)과 인터널 마케팅(Internal Marketing) 등의 비전통적인 마케팅이 강조될 조짐이다. 인터널 마케팅(Internal Marketing)은 종업원을 내부고객으로 보고 조직의 목적에 내부고객의 욕구와 취향에 맞는 것을 제공함으로써 내부적 생산품으로 직업을 보는 것이다. 릴레이션십 마케팅(Relationship Marketing)은 고객을 자산으로 보는 것인데, 그 기능은 고객과의 관계를 유지하고 확장하는 데 있다. 미래관광이 마케팅적 개념이 중시된 시점에서 이는 미래의 관광발전에 중요한 일임에 틀림없을 것이다.

이러한 여러 상황의 관점에서 본 교재는 관광사업에 있어서 호텔의 본질을 이해하고 합리적인 경영관리 방향을 제시하는데 목적이 있다.

저자 씀

차례

제3장 　호텔의 종류

제4장 호텔 조직

제5장 호텔경영형태

제6장 호텔상품

제7장　호텔사업

제8장　호텔마케팅

제9장 호텔경영 전략

제10장 호텔경영시스템

제11장 호텔의 인사관리

제12장 호텔노사관계관리

제13장 호텔경영정보시스템

제14장 호텔시설안전관리

제15장 호텔회계 관리

호텔의 이해

제 **1** 장

호 · 텔 · 경 · 영 · 론

호텔의 이해

　사람들의 이동이 일반 보편화된 오늘날 호텔은 중요한 인간의 활동영역으로 되었다. 초창기의 인간의 이동이 단순한 시대에는 우편이나 중앙정부의 칙령이나 명령서를 전달하는데 필요한 post road 주변의 taverna 혹은 caupona 등이 그 역할을 대신했는데, 이는 우리가 오늘날의 호텔의 효시로 볼 수 있다. 먼 거리의 우편이나 왕의 칙령을 전달하기 위해서는 도보나 마차 등을 통해 이동하면서 오랜 날이 걸리기 때문에 이들이 중간기착지에서 말 먹이를 주고 또 그들의 잠자는 시설이 필요했는데 그 구조는 사각형태의 건물에 입구 맞은편은 운전사나 기타의 스태프들이 묶고 입구의 좌측에는 개인 침실이 있었으며 오른쪽으로는 말먹이나 마굿간이 있었던 것으로 전해지고 있다. 이러한 형태의 숙박시설은 점차로 수요의 증가에 따라 주요 중심도로 주변에 생겼던 것으로 전해지고 있으며, 이러한 시설의 진화나 발전적 모델이 오늘날의 우리가 접하고 있는 숙박시설의 시초로 보고 있다.

　오늘날은 수억 명의 지구인이 국경을 넘나들고 또 많은 사람들이 자기가 기거하는 기거지를 떠나 인간활동을 하고 있는 상황이기 때문에 다양한 종류의 숙박시설이 생겨났다. 다양한 계층의 이동은 다양한 숙박시설의 필요를 낳았다고 볼 수 있다. 우리가 흔히 볼 수 있는 guest house, pension, motel, inn, youth hostel, condominium, lodge, resort, bungalow, chalet, hotel 등처럼의 내용상의 변화를 볼 수 있다. 이는 다양한 소비자의 수준과 욕구에 부응하고 거기에 상응하는 상품내용의 차이를 통해서 세분화된 숙박형태를 요구 받았다. 또한 그들의 이동목

저에 따라 commercial hotel, business hotel, convention hotel, casino hotel 등의 목적과 특성을 중심으로 호텔의 형태가 다양한 양상으로 되고 있다. 특히 이동객의 편의와 요구에 부응하는 숙박시설의 출현이 있다. 공항의 이용객을 돕기 위한 airport hotel, transit hotel, 또한 도로주변의 이동객을 위한 motor hotel(motel) 등이 그것이다. 또 다양한 상품내용을 중심으로, pension, condominium, apartment hotel, hostel 그리고 youth hostel 등이 있다. 이는 수용자들의 다양한 목적 및 그것에 맞는 적정 상품의 패키지를 통해 규정지어진 호텔의 형태인 것이다.

Hotel의 어원은 라틴어의 hospes 즉 손님 나그네에서 유래되었으며 hospitalis로 파생된 걸로 전해지고 있다. hospitalis와 구별되는 hospitale는 순례자 참배자 또는 나그네를 위한 숙소의 뜻이다. 오늘날 우리가 사용하고 있는 hotel은 hospitale라는 말에서 hospital, hostel 등으로 변천 유래 된 것으로 보고있다. hospital이 여행자의 휴식 및 심신의 회복시킬 간이숙박소라는 의미와 여행에서 생긴 병자나 부상자 또는 고아나 노인들을 쉬게 하고 간호하는 시설로 사용되었는데, 전자는 hotel로, 후자는 hospital로 발전한 것으로 보고 있다. 「관광진흥법」에서 호텔업은 "관광객의 숙박에 적합한 시설을 갖추어 이를 관광객에게 제공하거나 숙박에 딸리는 음식 · 운동 · 오락 · 휴양 · 공연 또는 연수에 적합한 시설 등을 함께 갖추어 이를 이용하게 하는 업"으로 규정하고 있다.

1 호텔경영 과제

호텔은 숙식을 제공하는 주 기능을 수행하는 사업체로서 그 기능을 수행하는 데 필요하며 숙박, 식음료, 서비스 그리고 엔터테인먼트를 기초로 심신의 안정과 안전을 추구하고 환대적 · 사회적 상호작용을 그 기능으로 한다. 호텔은 호스피텔리티(hospitality) 산업으로 호스피텔리티(hospitality)의 실천 모델은 인적자원, 기술적 하부구조, 정보시스템 관리 그리고 외부환경의 경영을 통한 소비자의 욕구를 충족하는 output을 산출하는 것이다. 이를테면 호텔기업의 환경요인은 보건, 경제, 문화, 사회, 물질, 미학, 도덕, 윤리, 교육, 자연, 기능 및 기술 그리고 정치 등과 관련한 복합체적 사업으로 이해된다.

과거의 호텔들은 일반적으로 특정고객층을 대상으로 한 기능을 중심으로 기능하였다. 과거의 호텔들이 고차원적인 인적서비스에 엘리트의식에 기초하였다면 현대는 다기능을 핵심으로 대규모화하고 다종의 상품의 경향으로 되고 있다. 일반적으로 경영의 핵심이 특별하게 구별된 특정 계층에 고가격, 개성화나 고급화의 경향은 대형화나 기계화의 경향으로 되고 상품의 다양화에 기초해 저렴한 요금에 기초하고 다기능을 추구함으로 효율화를 핵심 경영방침으로 한 것이 차이라고 할 수 있다. 현대호텔은 기능상으로 폭이 넓고 다양한 고객을 대상으로 고객의 다양한 요구에 충족하는 다기능 호텔경영의 특징을 갖는다고 할 수 있다.

오늘날 호텔은 ① 숙박기능, ② 음식 · 집회 기능, ③ 문화 서비스 기능, ④ 스포츠 레저기능, ⑤ 상업 서비스 기능, ⑥ 건강관리 서비스 기능, ⑦ 비즈니스 서비스 기능을 수행한다.

이처럼 오늘날의 호텔개념은 과거의 단순한 숙식을 위한 기능에서 다양하고 종합적 기능을 수행하는 역할을 하게 된다.

1) 전략적 제휴

호텔사업은 성격상 국제적 관점의 사업이다. 그렇기 때문에 독립적으로 운영되는 호텔이 가질 수 있는 지리적 시장 확장의 어려움으로 고립되는 경영은 국제시장에서 어려움이 존재할 수 있다. 이를 해소하고 경영능률과 효용을 극대화하기 위한 다른 기관과의 제휴나 협력이 요구된다. 특히 국제 마케팅이나 고객 촉진 제휴, 컴퓨터를 통한 운영 및 예약시스템 제휴, 비용절감을 위한 구매나 구매선 확보 등을 통해 전략적 제휴가 필요한 것이다. 호텔경영사적으로 보면 1985년 전후로 활성화된 전략적 제휴는 오늘날 체인(chain), 프랜차이즈(franchise), 리퍼럴(referral) 그리고 경영계약(management contract) 등의 다양한 형태로 발전 운영되고 있다. 이는 경영의 효율상의 목적을 달성하기 위해 서로의 필요를 충족하고 보완해주는 역할을 하고 있다.

2) 예약시스템

여행사나 항공사들과의 관계를 통해 상호간의 업무를 진행할 수 있는 시스템을 개발 공유하는 일이다. 오늘날의 호텔은 예약이 중요한 내용에 속하고 이 시스템은 서비스 패키지 프로그램으로 Sabre, Gallileo나 Amadeus 등의 개발된 컴퓨터 시스템을 통해 공동예약 업무를 실행함으로 편리하고 효과적으로 예약을 할 수 있는 시스템을 구축하고 있다.

3) 브랜드 다양화

후발호텔이나 독립경영되거나 지역적 한계의 어려움을 갖는 호텔들은 호텔의 인지도면이나 마케팅 기타 운영면에서 수요시장영역 확대에서나 국제적 감각을 필요로 하게 되었다. 이를 보완하기 위해 오랜 전통과 역사 속에 축적된 이미지인 브랜드를 효과적으로 임대하여 사용하게 된다. 체인이나 프랜차이즈의 브랜드를 사용함으로 인지도가 없는 호텔은 이를 극복할 수 있다.

4) 차별화

현대 호텔시장에서의 경향은 경쟁이다. 경쟁은 서로가 다른 특색을 강조해야 되고 새롭고 차이 있는 상품을 시장에 내 놓아야 한다. 차별이 없을 때에는 소비자의 관심을 얻을 수 없고 이는 시장에서 인정받지 못하게 된다. 차별화는 상품의 가치를 높일 뿐만 아니라 고객의 구매욕을 일으키는 내용이 된다.

5) 고객관리

고객은 대우받고 인정받고 싶어한다. 고객의 존재를 인정하는 것은 고객으로 하여금 반복 구매를 촉진하는 수단이 되며, 마케팅적 관점에서 단골 고객을 반복 지속케 하는 역할로 될 것이다. 호텔은 영업점이 고정된 장소에서 이뤄지기 때문에 이 문제는 호텔의 성공 여부를 좌우하는 중요한 요소로 된다.

6) 마케팅

호텔에 있어서의 핵심은 룸(room)을 팔고 호텔에서 제공한 다양한 형태의 상품을 판매하는 것이다. 상품을 팔게 하는 요건은 고객이 원하는 만족스러운 상품을 만들고 이를 적정한 값에, 적정한 유통루트를 통해서 고객에게 제공하는 것이다. 이로써 고객이 원하는 상품(product)을 만들고, 적정한 값(price)에 적정한 판매수단(promotion)과 적절한 판매루트(place)를 통해 고객에게 제공해야 하는 노력이 필요하다.

7) 기술혁신

호텔경영에서 능률과 효율성을 위해서는 빠르고, 많은 일을 효과적으로 할 수 있는 기술이 필요하다. 예약의 경우는 Computer Reservation System(CRS)이 그렇고 운영의 경우는 Operation 테크닉 즉 Tourism Information Management(TIM) 등이 중요하다. 호텔에 있어서 기계화는 한계가 있다. 그럼에도 불구하고 호텔을 운영하는데 업무의 능률을 높이는 차원의 기술개발이나 혁신이 필요하다.

8) 비용부담

경영적 관점에서 핵심적으로 해결해야 되는 중심과제 중의 하나는 호텔의 비용부담을 줄이는 일이다. 비용의 내용은 호텔 종업원 임금, 각 시설에 낭비되는 시설설치 비용이나 사용 비용을 포함한다. 호텔에 있어서의 키(key)를 사용한 절전이나 자동화 시스템을 이용한 자동제어 시스템을 통한 전력낭비 등의 비용을 절감한다. 한편, 인적자원이 많이 필요한 호텔에서 자동화나 기계화 등의 시스템을 통한 인건비 비용부담을 줄일 수 있게 된다.

9) 품질관리

품질은 호텔상품의 가치를 높이고 고객에게 최상의 상품을 제공하는 원동력이 된다. 상품의 생산에서부터 제공되는 과정관리를 통해 상품의 질을 높이는 것이다. 고객에게 제공되는 상품의 품질은 관리됨으로써 가치를 높이고 그럼으로써 고객으로 하여금 가치를 높이 평가 받을 수 있다.

10) 국제화

호텔영업의 성격은 국제적이다. 체인(chain), 프랜차이즈(franchise), 레퍼럴(referral) 등의 관련 제휴를 통한 관계적립도 국제간의 국제화의 방법이다. 국제관계는 호텔 수요를 창출하고 고객 연결을 판매루트의 증대를 통한 호텔경영에 중심적 이슈가 된다.

11) 타 산업과의 협력체 구축

호텔사업은 여행업체와 불가분의 관계를 갖는다. 여행사의 모객을 통한 호텔 고객수용의 창출이 일반적인 경향인 리조트 형이나 도심에서 멀리 떨어진 부티

크 호텔과 같은 곳에서는 고객의 거의가 여행사를 통해 창출된다. 따라서 고객창출의 원동력인 여행사나 항공사와 같은 기관과 협력체를 구축하는 것은 대단히 중요한 일이 될 것이다. 오늘날 항공사의 호텔업으로의 사업영역의 확장이나 진출은 이러한 점에서 중요한 의미를 부여하고 있다고 할 수 있다.

12) 인적 및 노무관리

호텔은 인적자원이 많이 필요한 사업이다. 인적자원 관리의 여부가 호텔경영의 핵심적 요소로서 감정의 기초하에 일하는 인간은 다루고 관리하기가 힘든 점에서 더욱 중요한 경영적 이슈로 된다. 특히 호텔의 인적 자원은 호텔의 일선에서 고객과의 접촉점에 있기 때문에 호텔상품의 핵심내용이 된다. 일선에서 일하는 종업원의 만족스러운 업무의 수행은 호텔사업의 중심적 과제로 채용, 인사, 배치, 교육, 보수, 노무 등에 기초하기 때문에 이들을 어떻게 하느냐의 여부가 성공의 지름길이 된다.

2 호스피텔리티(hospitality)의 구성요소

호스피텔리티를 구성하는 요소는 고객의 안전과 정신적 육체적 보상의 내용이 포함되며 이러한 부문들은 서비스, 식음료, 숙박 그리고 엔터테인먼트 내용에서 기인한 내용들이 그 틀을 구성하고 있다.

그림 호스피텔리티의 구성요소

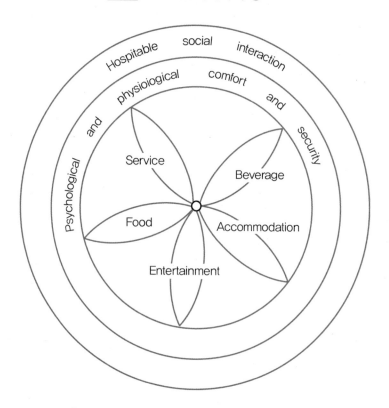

자료 : People and the Hotel and Catering Industry,
Lockwood and Jones, Cassell, 1991, p.7.

　　고객의 요구를 충족하는 호스피텔리티의 기본요소는 외부환경을 비롯해 경영정보시스템 그리고 인적자원 그리고 기술적 인프라에 기초한 결과로 볼 수 있다. 이렇듯 호텔경영의 핵심은 이러한 제반 요소를 효과적이고 합리적으로 관리 운영하는 결과에 기인한다고 볼 수 있다. 다시 말해서 호텔경영의 성공적 경영결과는 호스피텔리티를 구성하는 요소들의 조화스러운 운용의 결과로 볼 수 있다.

그림 호스피텔리티 모델

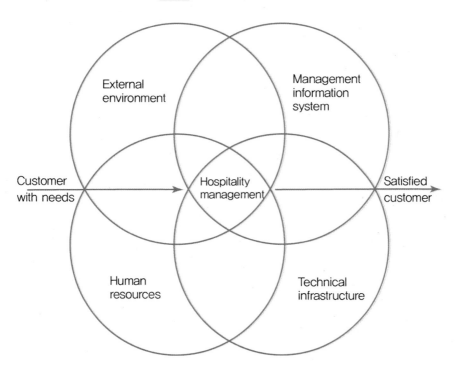

자료 : People and the Hotel and Catering Industry,
Lockwood and Jones, Cassell, 1991, p.8.

호텔경영의 특성

제 **2** 장

호 · 텔 · 경 · 영 · 론

호텔경영의 특성

1 사람산업

호텔은 사람산업의 표본인 것으로 인식된다. 호텔경영이 외형이나 기타 건물의 특이성 등의 내용이 상품의 내용이긴 하나 실지로 호텔상품의 핵심은 서비스라 할 수 있는데, 이는 사람에 의해서 이루어 진다는 이야기다. 또한 호텔의 업무의 효율성이나 능률을 감안한 기계화나 자동화의 방법이 존재하나 호텔에서는 이와 같은 기계화나 자동화 등에 한계가 있다는 이야기다. 그렇기 때문에 호텔의 경영에 필요한 인재의 채용이나 전문교육 등의 효과적인 방법이 중요하다고 할 수 있다. 우리가 Hilton의 호텔경영철학처럼 호텔인적자원에 대한 motion study, time study 등의 능률 극대화 방안은 바로 호텔업의 중심이 근무자관리가 중심이란 것을 보여주고 있다. 호텔경영의 성패는 호텔인의 역할에 있고 또 그러기 위해서는 이들이 능력을 발휘할 수 있는 근무여건을 만드는 것이 중요하다 할 수 있다. 특히 호텔사업의 지출비용 중 인건비가 30% 이상을 점유하고 있어 원가계산에 상당한 압력을 받게 된다.

2   업무의 연계성

호텔은 한 건물에 많은 상품이 존재하고 고객은 그들을 복합적으로 사용하는 특성이 있다. 고객이 호텔의 룸을 사용하면서 식당, 사우나, 커피숍 등의 부대시설을 사용한다는 이야기다. 이는 호텔의 상품이 복합적인 특성을 갖는다는 점이다. 다시 말해서 호텔의 상품이 전체적으로 좋아야 호텔상품이 만족스럽게 된다는 것인데 경영적인 측면에서는 이의 조화가 이뤄질 수 있도록 관리 조정되어야 한다는 말이다. 다른 말로 말하면 호텔의 경영이 각 부문 간의 조화와 협동시스템이 필요하다는 이야기다. 이들 각 부문의 내용이 좋아야하고 또 서로간의 조화된 경우에 경영의 효율이 있다는 것이다. 호텔의 고객은 이들 각 개별적 상품을 이용하고 대금을 지불하는 것은 Check Out 할 때 전체적으로 한꺼번에 하게 된다. 이런 경우 각 업장 간의 computer system의 구축을 통해 전체적으로 이들 사용요금이 고객이 호텔을 떠날 시점에 정리되어야 하기 때문이다.

3   호텔 업무시간

호텔은 일반적으로 24시간 365일 연중무휴로 운영된다. 호텔의 업무가 이렇다 보니 호텔근무여건이 열악할 수 있고, 또 그로 인해 업무효율성의 문제점을 낳기도 한다. 일반적으로 다른 부문의 영업업무는 특정한 시간으로 한정해 있다면 호텔의 업무는 이와는 다르다는 점이다. 실질적으로 야간근무가 일하는 이의 신체적 조건이나 기타 여러 가지 면에서 이상적인 업무와는 다른 까닭에서 더욱 어려움이 있을 수 있다. 이로 인해 근무인원이 많아야 할 뿐만 아니라 이들 업무의 효율을 높이는 문제가 중요 할 것이다. 더욱 근무외의 업무 혹은 야간업무에 따른 임금의 산정 및 기타 다른 분야에 있어서 많은 경영의 효율화가 요구된다.

4 ## 호텔의 자동화나 기계화

호텔의 핵심 상품은 서비스처럼 비가시적인 특성의 상품이 주를 이룬다고 볼 수 있는데, 이는 일반제조업에서 상품의 내용이 업무의 능률을 올리는 방안으로 경영의 능률을 이야기할 수 있다면 호텔은 이에 한계가 있다는 점이다. 호텔에 있어서 기계화는 인적자원 관리 차원의 인건비를 절감할 수 있지만, 호텔에 있어서 핵심 상품이 감정적인 점에 있어서는 호텔상품의 가치를 창출하는데 기계화의 한계를 이야기할 수 있다. 우리가 자동차회사에서는 기계를 통한 로봇 등의 자동화를 통해서 반복되고 일관된 업무를 효율적으로 관리할 수 있다고 한다면 호텔에서는 이러한 일관된 기계적인 서비스나 상품이 고객에게는 불편함을 주거나 변화된 융통성에 의한 기품과 상황의 전개를 통한 효율성을 창조해 낼 수 없다는 점에서 중요하다.

5 ## 호텔상품 이동의 불가능성

일반적으로 제조상품의 경우는 상품이 잘 팔리지 않거나 상황이 변하면 변화에 부응하는 조치가 가능하다 할 수 있다. 즉 장소를 사람의 이동이 많은 곳으로 이동한다거나 또 새로운 수요존재 장소로의 이동을 통해서 그 변화에 부응하고 수요창출의 분위기를 변화시킬 수 있지만 호텔의 경우는 방대한 고정자산이나 시작자본이 소유되어 이를 쉽게 다른 지역으로 옮기거나 또는 새로운 수요를 따라 이동이 불가능하다는 점이다. 이러한 점에서 경영의 효율성을 위해 상황변화에 민감하게 대처가 어렵다고 할 수 있다. 이러한 점은 장소의 이동불가적인 측면이나 새로운 수요창출지역의 변화나 또는 새로운 감각의 모델이나 변화된 소비자의 욕구에 발 빠르게 대응해야 하는 면에서 어려움이 있다는 것이다.

6 수요의 변동폭이 크다

물론 일반적으로 다른 상품의 경우도 이러한 변화가 없지는 않다. 하지만 호텔의 경우는 성수기와 비수기 등의 변화에 상당히 민감하다는 점이다. 호텔이 인간에게 필수적인 관점에서 우선순위 면에서 일상생활의 꼭 필요한 것과는 다른 차원의 영역이라면 더욱 그럴 수 있다. 생활의 어려움을 겪는 사람이나 기타 여러 주변여건의 부정적 변화는 곧 호텔의 수요에 결정적 영향을 줄 수 있다는 점이다. 경기의 부정적 면이나 개인 여건의 불리함 또는 봄, 여름, 가을, 겨울 등의 계절에 민감한 수요의 변화가 문제이다. 해수욕장의 여름과 해수욕장의 겨울의 호텔의 분위기는 사계절이 있는 한국과 같은 경우 수요의 폭이 아주 클 수 있다는 점이다. 수요의 변화의 폭이 이렇게 계절에 따라 여건에 따른 심한 변화의 분위기는 경영 계획이나 기타 경영관리에 어려움이 된다는 데서 중요하다. 제조상품의 경우는 판매부진의 경우 이를 시간을 두고 방법을 찾을 수 있다면 호텔상품의 경우는 이러한 변화에 상품의 비 저장성이나 또는 수요의 재고관리 측면에서 서로 상이한 점에서 경영에 미치는 영향이나 마케팅계획 및 기타 경영계획에 어려움으로 된다.

7 고정비나 시작자본의 집중

호텔은 규모가 크고 복합적인 상품이 한꺼번에 일시적으로 제공되는 점에서 초창기에 모든 준비를 통해 업무가 시작된다. 이러한 점에서 변화를 통해 차츰 증가시키거나 수요에 따라 점차 규모나 기타 시설을 확충할 수 있는 것과는 다르다. 가능성 만에 입각해 시작할 때 방대한 시작자본이 필요한 것이다. 이로써 사업 예상이 맞아들지 않을 때에는 큰 어려움으로 될 것이다. 고정자본이 많다는 것은 호텔의 부채의 과중한 부담을 통한 경영 부담을 줄 수 있고 그 부담은 경영압박이나 기타 경영상의 어려움을 줄 수 있다. 자본의 회전율이 낮고 또한 장기적인 자본의 회수율이 되기 때문에 회사는 그에 대한 부담을 안게 된다. 국내기업의 고정자산 비율이 자동차 59.35%, 건설 30.75%에 비해 호텔업은 무려 90.51%의 고정자산비율로 다른 어느 업종에 비해 고정자산 비율이 높은 것으로 나타났다.

◢ 표 │ 국내기업의 고정자산 비율　　　　　　　　　　　　　　　　(단위 : %)

호텔업	제조업	건설업	자동차업	섬유업	전기, 전자업	상업지원 서비스업
90.51	56.72	30.74	59.35	52.02	83.63	36.64

자료 : 한국은행, 2011

8　호텔상품은 패키지상품

　호텔에서 제공되는 상품은 다양한 상품이 같은 테두리 안에서 복합적으로 제공되는 복합상품이 특성이다. 즉 호텔의 룸, 식당, 사우나, 가지노, 커피숍 그리고 헬스클럽처럼 동일한 호텔 내에서 동시에 복합적으로 제공된다는 점이다. 이러한 점에서 더욱 중요한 것은 이들 업무나 영역, 전문성이 각각 다르다는 점이다. 식당 등의 식품에 관한 사항과 카지노 등의 경영은 근본적으로 서로 다른 업종의 서로 다른 사업의 복합이란 점이다. 이러한 복합적 상품의 경영관리가 곧 호텔의 경영관리대상이라면 복합적 경영의 관리능력이나 이들 관련된 노하우의 필요성이 요구된다는 점이다.

9 호텔시설의 내구성

호텔은 특성적으로 필요에 사람들의 요구가 일시적으로 이뤄지는 곳이다. 다시 말해서 개인의 가정집과는 다르다는 점이다. 이는 이용상의 여러 과정이 집안에서의 시설을 다루는 것과는 다를 수 있다는 점이다. 즉 시설면에서 개안집의 시설의 노후화나 감가상각상태와 많은 차이를 낳는다는 점이다. 가정의 침대나 호텔에서의 침대 가정에서의 일반적 가구의 사용연한에 비해 호텔에서의 사용 내구연한에 많은 차이가 있다는 것이다. 이러한 점은 호텔의 고급성을 위해 고가의 고급시설을 자주 바꾸거나 새로운 디자인의 교체를 통한 경영상의 비용을 증가시켜 호텔의 경영압박요인으로 된다는 점이다. 이렇듯 호텔은 장치산업으로 고정자산에 의존도가 높은데 노후화나 내용연수 등은 호텔경영의 중요한 사항으로 된다.

10 환경변화에 대처

호텔산업은 일종의 패션산업이라 해도 과언이 아니다. 즉 소비자의 요구가 자주 변하는데 호텔도 이들의 변화된 요구에 부응하는 경영이 필요하다는 점이다. 다시 말해서 소비자의 요구를 변하게 하고 또 변화에 부응하기 위해서는 자주 기본시설이나 기타 소비자의 요구를 외면할 수 없다는 점이다. 호텔이 시설면에서 이러한 상황에 부응하기 위해서는 과중한 부담이 따를 수 있다는 점이다. 또 전반적으로 사회가 변하는 추세에 따라 호텔이 보유한 기존의 시설의 변화를 요구 받기 때문에 더욱 그렇다. 근래에 들어 가족호텔, 리조트호텔, 방갈로, 찰렛 등에서부터 카지노 호텔, 비즈니스 호텔 등처럼 여러 소비자의 요구에 부응한 경향의 호텔들이 그렇다고 할 수 있다. 이는 사회의 변화가 이러한 방향으로 가고 있기 때문에 호텔이 그들의 요구에 부응하는 과정이라 할 수 있다.

11 입지성에 따른 운영의 다양화

호텔은 그 입지에 어디에 위치해 있는냐는 여부에 따라 상품도 다르고 고객도 달라서 운영도 달리 되어야 하는 특성이 있다. 도심의 다운타운 호텔과 바닷가의 리조트형의 호텔, 산지의 휴양호텔 등은 근본적으로 다른 운영시스템이 적용되어야 할 것이다. 다시 말해서 도심의 상업용 호텔과 해변가의 휴양 리조트 호텔은 호텔의 성격의 차이 만큼 운영의 묘도 달라야 한다는 이야기다. 더구나 한국과 같이 4계절이 있고 on-season과 off-season이 분명한 산지나 바닷가의 호텔과 연중 변함없이 수요가 꾸준한 호텔객이 묶는 도심의 상업용 호텔은 다르다는 이야기이다.

12 인건비의 부담

호텔은 사람산업이라고 언급한 것처럼 호텔은 기본적으로 인적자원이 많이 필요한 산업이다. 따라서 인적자원의 비용을 줄이는 방법은 호텔시설이나 업무수행상의 자동화나 기계화가 방법이 되나 호텔산업이 서비스산업이기 때문에 기계화나 자동화에 한계가 있다는 데 어려움이 있다. 예컨대 제조업의 경우는 동일한 업무를 로봇이나 기계화를 통해 얼마든지 생산이 가능하지만 호텔고객 손님에게 그런 방법은 불가능하기 때문에 문제가 있다. 더욱이 로봇이나 기계는 사람이 시키는대로 말을 잘 듣는 경우나 사람들은 다루기가 어렵다는 점에도 경영상의 부담이 된다.

13 시간적·장소적 양적 판매로 판매상의 제약

호텔의 상품은 생산과 판매가 동시에 같은 장소에서 이뤄지기 때문에 판매에 있어서 다음기회나 연장의 기능성이 없다. 예컨대 호텔 룸이 그날 그 시점의 그 장소에서 팔리지 않으면 상품으로써의 가치를 상실한다. 그걸로 상품의 수명이 다하는 것이다. 그리고 수요가 많다고 공급을 늘릴 수도 없다. 100개의 룸을 가진 호텔은 100명에 상응하는 손님에게만 룸을 제공할 수 있고 더 늘리거나 손님이 적다고 해서 줄여서 공급량을 조절할 수 없다는 점이다.

14 재고자산 구성비가 적음

호텔경영은 시간적·양적 제약을 받고 무형적이다. 따라서 비수기의 수요의 보존을 통해 성수기에 활용할 수 없을 뿐만 아니라 대체도 할 수 없다. 호텔의 재고 자산 구성비가 고정자산에 편중된 자본운용으로 부채에 대한 지급능력이 상대적으로 낮아진다.

15 최초 차입금의 부담

호텔자본 조달은 외부 차입에 의해 이뤄진다. 따라서 호텔운영에 있어서 영업비용의 대부분이 지급이자이기 때문에 수익에 부담과 영향을 준다.

16　다양한 업무의 수행

호텔은 호텔이라는 같은 동일 장소에서 제공되는 서비스지만 다양한 종류의 서비스를 수행하는 특성이 있다. 예컨대 객실, 식음료, 스포츠, 오락, 유통, 정보 등 서로 다른 다양한 서비스를 해야 됨으로 이들 방면의 다양한 경영상의 전문적 지식이 필요하다는 점이다. 이들의 각 분야별 전문적 서비스 활동을 중심으로 호텔의 기능이 수행된다는 점에서 운영상의 다원성이 있다고 할 수 있다.

17　내외부 환경의 영향

호텔은 일반적으로 거시적 내용인 외부환경 즉 정치, 경제, 사회, 문화, 환경 그리고 기술 또는 생태적 환경에 영향을 받을 뿐만 아니라 내적인 호텔의 조직분위기, 노동조합, 종업원, 고객, 지역사회 또는 경쟁기업, 공급자, 금융업자 및 주주 등의 영향을 받는다는 점이다.

18　낮은 자본회전율

자기자본 회전율은 자기자본의 순 매출액과의 관계를 표시하는 비율로서 회전속도를 표시하는 것을 말한다. 자기자본 회전율은 자본의 이용효율 다시 말해서 1년간에 자본을 얼마만큼 회전시켰는가를 나타내는 지표를 말한다. 총자본회전율이 도소매업 1.97이고 사업서비스업은 1.96인데 반해 숙박업은 총자본 회전율이 0.27에 불과하고, 자기자본 회전율도 0.47로서 도소매업 4.24, 사업서비스업

3.62에 비해 낮은 편이고 자본금회전율도 도소매업 16.99 그리고 제조업 14.22에 비해 숙박업은 2.41에 불과하다.

표 국내 업종별 자본회전율(2010년도 기준)

산업별	총자산 회전율	자기자본 회전율	자본금 회전율
숙박업	0.27	0.47	2.41
도소매업	1.97	4.24	16.99
제조업	1.13	2.32	14.22
전기가스 및 중기업	0.63	1.39	12.70
사업서비스업	1.96	3.62	6.71
전산업	1.10	2.40	10.13

자료 : 한국은행 2011

핵 심용어

CRS(computer reservation system)

컴퓨터예약시스템. 항공좌석 예약기능을 비롯해 호텔, 렌터카, 철도, 해운에 이르기까지 여행객이 원하는 모든 정보를 제공하는 고부가가치 통신망. 운항수입만으로는 수익 증대가 어려운 국제항공업계가 적극 개발하여 항공산업의 중추가 되었다. 세이버, 아폴로 등 거대 CRS의 세계시장 진출은 각 지역별로 시장을 블록화하는 지역예약시스템, 즉 GDS(global distribution system)의 출현을 낳고 있다. 결국 거대 CRS에 의한 정보예속을 피하려면 자체 CRS정보량을 늘리는 한편 탄탄한 여행사 네트워크를 구축해야 한다.

hospitality

Hospitality is the relationship between guest and host, or the act or practice of being hospitable. Specifically, this includes the reception and entertainment of guests, visitors, or strangers, resorts, membership clubs, conventions, attractions, special events, and other services for travelers and tourists.

chain hotel

복수의 숙박시설이 하나의 그룹으로 형성하여 운영될 때 그것을 체인시설이라 부르며, 일반적으로 3개 이상일 때 체인이라고 하고 있다. 세계 체인호텔의 발달은 1907년 리츠 개발회사가 뉴욕시의 리츠 칼튼(Ritz-Carton)호텔에서 리츠라는 이름을 사용하는 프랜차이즈 계약을 효시로 시작되었다. 1949년 힐튼 인터내셔널이 미국 힐튼 본사로부터 독립된 자회사로서 군림하게 되었고 오늘날의 호텔경영의 개념을 설정한 창시자가 되었다. 우리나라에서는 1969년 한국관광공사 전신인 국제관광공사와 미국 아메리칸 에어라인(American Airline)의 합작투자로 조선호텔을 건설하였다

Franchise

프랜차이저는 가맹점에 대해 일정지역 내에서의 독점적 영업권을 부여하는 대신 가맹점으로부터 로열티(특약료)를 받고 상품구성이나 점포·광고 등에 관하여 직영점과 똑같이 관리하며 경영지도·판매촉진 등을 담당한다. 투자의 대부분은 가맹점이 부담하기 때문에 프랜차이저는 자기자본의 많은 투하 없이 연쇄조직을 늘려나가며 시장점유율을 확대할 수 있다.

referral

법률상으로는 보통 법률(행정)행위 또는 사실(사무)행위에 대해 해야 할 일을 타인에게 의뢰하는 것을 말한다. 법률관계에 따라 용어가 상이하며 사법에서는 위임, 준위임, 신탁 등 용어가 많으나 사회복지행정에서는 조치의 실시기관이 민간기관 또는 개인에 대해 조치의 실시 계속을 의뢰하는 것에 한정해 사용하는 경우가 많다. 이와 같은 일을 특히 조치위탁이라 한다. 그밖에 공적관계에 있어서의 위탁이 있는데 이것은 사무의 위탁, 사무의 위임 등으로 부른다

management contract

A management contract is an arrangement under which operational control of an enterprise is vested by contract in a separate enterprise which performs the necessary managerial functions in return for a fee. Management contracts involve not just selling a method of doing things (as with franchising or licensing) but involve actually doing them. A management contract can involve a wide range of functions, such as technical operation of a production facility, management of personnel, accounting, marketing services and training.

경영계약

위탁경영이란 기업체가 경영에 관한 노하우를 가지고 있는 제3자에게 회사 경영을 위탁하는 것이다. 일반적으로 위탁경영은 소유회사와 경영회사가 위탁경영계약을 체결함으로써 경영을 전문으로 하는 회사가 경영전권을 맡고 소유회사는 자산관리에만 전념하게 된다.

Motion study

동작연구란 작업동작을 최소의 요소단위(要素單位)로 분해하여, 그 각 단위의 변이를 측정해서 표준작업방법을 알아내기 위한 연구로서, 시동연구(時動研究)라고도 한다. 이는 20세기 초에 미국에서 F.W. Taylor가 공정한 1일 작업량을 정하기 위하여 창안한 작업시간연구에 이어서 길브레스 부처(Gilbreth 夫妻)가 동작의 공간적 구조를 분석하는 방법을 고안하여 동작과 시간에 관한 연구가 진전되었다. 그 방법은 작업동작을 고속영화로 찍어서 분석하는 미세동작연구(微細動作研究), 작은 전구를 몸의 관찰부위에 달고 작업을 시켜그 움직임의 자취를 사진에 찍는 시간운동도법(時間運動圖法) 등의 방법으로 동작경로를 기록하여 고찰한다.

Time study

근로자의 하루 작업량을 공정하게 설정하기 위해, 근로자가 수행하는 개개 작업을 분석해 각각의 기본 동작에 드는 요소시간(要素時間)을 조사하는 것을 말한다. 각 기본 동작의 요소시간과 휴게 등 불가피한 여유시간을 참작한 것이 표준시간이다. 테일러(F.W. Taylor)는 이러한 표준시간의 개념을 이용해 '노동능률=실제 작업시간/표준작업시간'으로 규정했다

재고자산

재고자산이란 정상적인 기업활동과정에서 판매하기 위하여 보유하는 자산이나 또는 판매를 목적으로 제조과정 중에 있는 것, 판매에 이용될 제품이나 용역의 생산에 현실적으로 소비하기 위하여 보유하고 있는 자산을 말한다. 재고자산은 취득방법이나 존재형태 또는 사용목적에 따라 여러 가지로 구분될 수 있다. 일반적으로 상품·제품·재공품·원재료 등으로 구분할 수 있으나, 기업회계기준상의 분류에 따르면 상품·제품·반제품·재공품·원재료·저

장품으로 분류하고 있으며, 거래방식의 특수성 때문에 구별되는 적송품(積送品), 미착상품(未着商品), 시송품(試送品) 등이 있다. 또한 부수적 생산물인 부산물, 작업폐물 등도 있다. 여기서 유의할 것은 판매나 제조목적 이외의 목적으로 보유하고 있는 것은 재고자산으로 처리하여서는 아니되며, 따라서 매매목적으로 소유하고 있는 토지 · 건물 등은 재고자산에 속하나, 사업용 토지 · 건물은 고정자산에 속한다.

차입금

차입금이란 기업을 경영함에 있어서 운전자금의 부족 또는 시설투자를 위하여 외부로부터 자금을 조달하는 경우 차용증서를 교부하고 타인으로부터 금전을 차용하는 것을 말하는데, 이에는 기간의 장 · 단기에 따라 단기차입금 또는 장기차입금으로 나누어진다. 또한 차입처에 따라 관계회사차입금, 주주 · 임원 · 종업원차입금 등으로 나누어진다.

호텔의 종류

제 **3** 장

호 · 텔 · 경 · 영 · 론

　일반적으로 호텔은 형태나 입지 등에 의해 구분되고 경영적인 면에서는 어떠한 경영형태를 적용하는가에 따라 구분할 수 있다. 형태별로는 일반적으로 도심지에 위치하며 비즈니스 목적의 관광객을 대상으로 상업지역 등에도 위치하며 식당, 라운지, 회의실 그리고 레크리에이션 시설이나 상점 등의 시설을 갖춘 커머셜 호텔, 국제회의나 컨벤션 기능을 수행할 수 있는 전시, 연회를 위한 시설, 이의 기능을 수행하기 위해 필요한 식당이나 미팅룸 등의 시설을 갖춘 컨벤션호텔, 수영, 골프, 스키를 비롯해 스케이트나 하이킹 등 레크리에이션 시설을 갖추고 해변이나 산 등에 위치하는 리조트호텔, 또한 카지노 기능을 수행하기 위한 제반 시설을 제공하는 카지노호텔, 문자 그대로 숙박과 아침식사를 제공하는 B & B 호텔, 조용하고 호화스러우면서 소규모의 고급 숙식을 제공하는 브티크 호텔, 건강 및 의료관점의 리조트식 호텔로 온천호텔, 보트를 이용한 보텔(boatel) 등을 들 수 있다. 이밖에도 유럽풍의 pension, fonda, hostel, guest house, inn, lodge, apartment hotel, condominium, 장, 여관 등과 같이 다양한 목적과 내용에 따라 호텔을 구분할 수 있다.

1 호텔의 분류

1) 호텔

호텔은 commercial 호텔 혹은 transient 호텔 등으로 불리는 단기 투숙객을 대상으로 운영하는 도심에서 운영되는 상용호텔을 비롯해, 휴양지나 리조트에 오락, 유흥 등의 시설을 제공하는 호텔로 해안, 산악, 온천지 그리고 피서지 등의 리조트호텔 그리고 장기체재 숙박객을 위한 residential 호텔 등을 들 수 있다. 이들 호텔의 특성은 상용호텔은 도심의 사업 및 비즈니스 등의 목적을 가진 호텔로 walk in 고객이나 기타 다른 수단의 접촉을 통해 이뤄지는 호텔이며, 이는 리조트호텔 등과는 고객의 숙박목적이 다른 호텔이다. 국제화의 경향으로 진화된 장기투숙개념의 호텔은 장기투숙객에서 호텔의 기능을 수행하는 호텔을 말한다.

2) 모텔

Motel은 문자 그대로 Motor Hotel의 준말이다. 자동차의 일상화를 위한 일종의 고속도로나 렌터카 등의 접근지역을 중심으로 발달된 숙박시설이다. 그러나 이와 같은 초창기의 목적과는 달리 도심에서 많이 보이는 규모가 작은 보편적 호텔의 특성으로 진화하고 있다.

3) 유스호스텔

주로 청소년 위주의 투숙객을 위한 공익적 관점의 숙박시설로 주로 도심의 고급스러운 호텔 등과 구별되며, 전 세계 전 지역에 산재하여 있으면서 회원제를 활용하는 등의 이용을 촉진하는 숙박시설이다.

4) 인(Inn)

Inn은 고급호텔과 구별되는 개념의 소규모 호텔에서 사용되는 초기적 현상의 숙박시설이다. 비교적 일반 투숙객에게 부담없는 비용부담으로 친숙한 숙박시설을 일컫는다.

5) 펜션(Pension)

유럽의 전형적 경제적인 숙박시설로 소규모의 객실을 제공하고 극히 제한된 서비스를 제공하는 하숙식 여인숙 개념의 숙박시설이다. 이와 유사한 전통 프랑스식 시골 숙박시설을 Lodge라고 한다.

6) 빌라

원래 개인이 가족 전용으로 소유하게 되어 있으나 관광객을 대상으로 하는 숙박형태로 일종의 임대 별장을 말한다.

7) 방갈로

열대지방의 나무로 만든 2층의 원두박 형태의 숙박시설로 더운지역에서 바람환기와 통풍이 되게 하도록 지은 숙박시설이다.

8) Hemitage

헤미티지는 산장으로 별장과 비슷하고 산속이나 내륙관광지에 지어져 있어 등산객, 스키어 휴양객 등이 주로 이용하는 숙박시설이다.

9) 찰렛(Chalet)

열대지장의 숙박시설로서 시골에 차양이 길게 나와 있는 양식의 방갈로보다 작은 숙박시설이다.

10) 새토우(Chateau)

소규모 숙박시설로 크기는 빌라보다 크고 100실 이내로 관광지에 위치한 숙박시설이다. 주변에 승마장과 골프 시설을 갖추고 건축양식이 중세형의 복고풍의 형태를 이룬다.

2 관광법규에 따른 분류

과거에는 관광숙박업을 관광호텔업, 국민호텔업, 휴양콘도미니엄업, 해상관광호텔업, 가족호텔업, 한국전통호텔업으로 분류하였으나, 현행 「관관진흥업」은 관광숙박업을 호텔업과 휴양콘도미니엄업으로 분류하고, 다시 호텔업을 관광호텔업, 수상관광호텔업, 한국전통호텔업, 가족호텔업, 호스텔업, 소형호텔업, 의료관광호텔업 등으로 세분하고 있다(제3조 1항 2호 및 동법시행령 제2조 1항 2호).

1) 관광호텔업

관광객의 숙박에 적합한 시설을 갖추어 관광객에게 이용하게 하고 숙박에 딸린 음식·운동·오락·휴양·공연 또는 연수에 적합한 시설 등("부대시설"이라 한다)을 함께 갖추어 관광객에게 이용하게 하는 업(業)을 말한다.

2) 수상관광호텔업

수상에 구조물 또는 선박을 고정하거나 매어 놓고 관광객의 숙박에 적합한 시설을 갖추거나 부대시설을 함께 갖추어 관광객에게 이용하게 하는 업을 말한다.

3) 한국전통호텔업

한국전통의 건축물에 관광객의 숙박에 적합한 시설을 갖추거나 부대시설을 함께 갖추어 관광객에게 이용하게 하는 업을 말한다.

4) 가족호텔업

가족단위 관광객의 숙박에 적합한 시설 및 취사도구를 갖추어 관광객에게 이용하게 하거나 숙박에 딸린 음식·운동·휴양 또는 연수에 적합한 시설을 함께 갖추어 관광객에게 이용하게 하는 업을 말한다.

5) 호스텔업

배낭여행객 등 개별 관광객의 숙박에 적합한 시설로서 샤워장, 취사장 등의 편의시설과 외국인 및 내국인 관광객을 위한 문화·정보 교류시설 등을 함께 갖추어 이용하게 하는 업을 말한다.

6) 소형호텔업

관광객의 숙박에 적합한 시설을 소규모로 갖추고 숙박에 딸린 음식·운동·휴양 또는 연수에 적합한 시설을 함께 갖추어 관광객에게 이용하게 하는 업을 말한다.

7) 의료관광호텔업

의료관광객의 숙박에 적합한 시설 및 취사도구를 갖추거나 숙박에 딸린 음식·운동 또는 휴양에 적합한 시설을 함께 갖추어 주로 외국인 관광객에게 이용하게 하는 업을 말한다.

8) 휴양 콘도미니엄업

관광객의 숙박과 취사에 적합한 시설을 갖추어 이를 그 시설의 회원이나 공유자, 그 밖의 관광객에게 제공하거나 숙박에 딸리는 음식·운동·오락·휴양·공연 또는 연수에 적합한 시설 등을 함께 갖추어 이를 이용하게 하는 업을 말한다.

3 호텔의 기능

호텔의 핵심적 기능은 호텔이 존재하는 당위성에 기초한 호텔의 역할을 말하는데, 호텔에서 제공되어지는 것으로 호텔에서 숙박하고, 식사하고, 그리고 호텔에 존재한 부대시설을 이용하는 고객의 필요를 위한 호텔의 필요성에 존재한 것이다. 이와 같은 호텔의 역할을 제대로 하게 하는 제반 업무를 관장하는 관리 기능을 포함한다. 이로써 숙박부문과 숙박에 관련한 역할을 수행하는 숙박기능, 식음을 제공하는 식당을 비롯한 커피숍, 카페나 나이트 등의 식음료 기능, 결혼식, 컨벤션 등의 업무를 담당하기 위해 필요한 이벤트를 위한 연회 및 이벤트 기능, 기타 호텔이 제대로의 역할을 하기 위해 필요한 공공기관, 로비, 현관 등의 공공기능 그리고 호텔제반 역할을 제대로 수행할 수 있도록 호텔 종사원관리나 기타 부대시설 등이 있는데, 이는 인사, 노무, 후생, 재무 그리고 호텔에서 필요한 자재의 구입, 창고 등의 시설의 관리기능이 있다고 할 수 있다.

초창기의 호텔의 기능은 주로 숙식에 기능을 수행하였다고 할 수 있다. 그러나 현대의 다양한 고객의 요구에 부응하고 호텔의 역할이 다양화하게 됨으로 고객의 다양하고 필요한 요구에 부응하고 호텔은 영리적 이익을 얻는 상호보완적 기능으로 되고 있다. 이렇듯 비즈니스고객을 위한, 비즈니스 상담, 회의, 미팅, 비즈니스 정보 제공, 에스코트 서비스 등의 비즈니스 서비스와 보조를 위한 비즈니스의 기능, 호텔고객의 문화공간으로써의 역할을 위한 지식이나 교양 제공을 위한 문화서비스 기능, 기분전환이나, 위락이나 오락을 위한 레저, 레크리에이션, 여가 서비스 기능, 의료, 건강, 헬스, 미용의 건강관리 서비스 기능, 이 밖에도 고객의 쇼핑의 편의를 위한 쇼핑 서비스 기능, 각종 공공서비스 보조기능을 수행한다고 할 수 있다.

이로써 호텔의 기능을 요약 정리하면 다음과 같다.
① 숙박서비스 기능
② 식음서비스 기능
③ 문화서비스 기능
④ 위락서비스 기능
⑤ 건강 및 스포츠서비스 기능
⑥ 비즈니스 서비스 기능
⑦ 쇼핑서비스 기능
⑧ 공공서비스 기능
⑨ 연회기능
⑩ 관리기능
⑪ 레저기능을 수행한다.

호텔이 다양화되고 고객이 다각화됨에 따라 호텔의 기능도 다양화되고 다각화됨을 알 수 있다.

4　호텔업의 등급

1) 개요

2014년 9월에 「관광진흥법」이 개정되면서 호텔업의 등급제도가 기존의 무궁화 등급제도에서 국제적 관례에 맞는 별 등급제도로 변경되었다. 그동안 무궁화 개수에 따라 특1등급·특2등급, 1등급·2등급·3등급으로 구분해왔던 호텔등급이 앞으로는 5성급·4성급·3성급·2성급 및 1성급의 체계로 변경된다.

2) 등급결정대상 호텔업 및 등급구분

관광숙박업의 시설 및 서비스수준을 높이고 이용자의 편의를 돕기 위하여 의무적으로 등급결정을 신청하여야 하는 호텔업은 관광호텔업, 수상관광호텔업, 한국전통호텔업, 소형호텔업 및 의료관광호텔업에 한하고, 가족호텔업과 호스텔업은 제외된다(관광진흥법시행령 제22조 제1항〈개정 2014.9.11.〉). 그리고 호텔업의 등급은 5성급, 4성급, 3성급, 2성급 및 1성급으로 구분한다(동법시행령 제22조 제2항〈개정 2014.11.28.〉).

종전의 특1등급, 특2등급, 1등급, 2등급 및 3등급으로 구분해오던 호텔업의 등급을 국제적으로 통용되는 별 등급체계로 정비함으로써 외국인 관광객들이 호텔을 선택함에 있어서의 편리를 도모하고자 한 것이다.

3) 호텔업 등급결정 권한의 위탁

문화체육관광부장관은 호텔업의 등급결정권을 다음의 요건을 모두 갖춘 법인으로서 문화체육관광부장관이 정하여 고시하는 법인에 위탁한다. 즉 ① 비용리법인일 것, ② 관광숙박업의 육성과 서비스 개선 등에 관한 연구 및 계몽활동 등을 하는 법인일 것, ③ 일정한 자격을 가진 평가요원을 평가요소별로 50인 이상 확보하고 있어야 수탁법인이 될 수 있다(관광진흥법 제80조 제3항 2호, 동법시행령 제66조 1항〈개정 2014.11.28.〉).

4) 호텔업의 등급결정 절차

① 관광호텔업, 수상관광호텔업, 한국전통호텔업, 소형호텔업 및 의료관광호텔업의 등록을 한 자는 법정사유가 발생한 날부터 60일 이내에 문화체육관광부장관으로부터 등급결정권을 위탁받은 법인("등급결정 수탁기관"이라 한다)에 호텔업의 등급 중 희망하는 등급을 정하여 등급결정을 신청하여야 한다(동법시행규칙 제25조 1항〈개정 2014.12.31.〉).

② 등급결정 수탁기관은 등급결정 신청을 받은 경우에는 문화체육관광부장관이 정하여 고시하는 호텔업 등급결정의 기준에 따라 신청일부터 90일 이내에 해당 호텔의 등급을 결정하여 신청인에게 통지하여야 한다. 다만, 부득이한 경우에는 60일의 범위에서 그 기간을 연장할 수 있다(동법시행규칙 제25조 2항〈개정 2014.12.31.〉).

호텔 조직

제 **4** 장

호 · 텔 · 경 · 영 · 론

1 조직논리

조직은 특정 단체나 특정기관이 그들이 관장하는 사업을 효과적으로 관리 운영해 궁극적 목적을 최대한으로 달성하기 위해 업무끼리의 균형과 통제와 조정 등의 경영관리를 위한 일종의 업무수행 시스템구축이라 할 수 있다. 이로써 조직이 합리적이고 효과적으로 구성되었을 때 목적을 달성할 수 있고 또 다른 면에서는 그런 시스템을 통해 조직을 관리 통제하는 근간을 마련하는 것으로도 이해 할 수 있다. 조직의 틀은 그 사업체가 관장하는 일체의 사업의 내용을 중심으로 이를 통제 관장함으로써 최대의 효과를 얻는 일종의 경영관리의 일환이라고도 볼 수 있다. 호텔의 경우 고객이 호텔에 와서 체크인(check in)해서 체크아웃(check out)까지 고객이 필요로 한 일 기능을 중심으로 형성된다. 호텔이 해야 할 일체의 업무별 부서를 중심으로 한 모든 부서의 조직을 만들 수 없기 때문에 이들 업무를 유사함과 또 업무의 흐름, 고객의 편리원칙에 입각해 이를 서로 유사하고 또 효율적으로 수행하기 위한 기준에 입각해 조직을 만든다고 할 수 있다.

조직은 공식조직과 비공식 조직으로 나누어 볼 수 있다. 공식조직이란 권한과 책임을 명확히 구분하고 여기에 필요한 적절한 직책에 의해 조직되어 있다. 직책에 따른 책임과 권한이 따르고 업무에 대한 위임이나 통제 등이 원칙적으로 체계화되어 경영에 대한 책임과 의무가 분명함으로 책임 라인과 그 책임을 물을 수 있는 특성을 갖는다. 반면에 비공식조직은 자생적 조직으로 공식적 규칙이나 과정에 의해 형성된 것이 아니라 인간관계나 자연히 형성된 비공식 집단을 말한다. 따라서 경영자의 입장에서는 공식적 그리고 비공식적 조직의 존재를 인식해야 할 것이다.

이들 조직의 틀은 여러 측면이 가능하다. 이를테면 Line조직, Staff조직 그리고 Functional Organization에 근간을 두고 이를 Line and Staff조직, 혹은 Line and Functional Organization의 형태가 가능하며 이를 Staff에 기준해서는 Staff and Functional organization 등이 가능한 것이다. 이들 조직에 있어서 어느 것이 좋고 어느 것이 적합한가의 여부는 그 사업단체가 지향하는 상향에 따라 정할 수 있다고 할 수 있다. 이들 조직의 기본 틀이 비용이나 효율성 그리고 그 가업체가 지향하는 목표에 가장 부합한 조직의 선택이 중요하다고 할 수 있다.

시스템적 입장에서 보면 조직은 목표, 구조, 기능 등의 하위시스템이 전체조직 시스템을 구성하고 있는 실체이다. 조직은 목표를 가지고 있다. 이 조직의 목표란 일반적으로 조직이 실현하고자 하는 과업의 바람직한 상태로 정의된다. 또한 조직은 구조를 가지고 있다. 여기서 구조는 목표를 달성하는데 필요한 전문화된 활동들을 결정하고, 이 활동들을 어떤 논리적인 유형에 따라 집단회시키고 이런 집단화된 활동을 어떤 직위나 개인의 책임하에 할당시키는 것을 포함하는 개념으로서 조직구성원 행위의 유형화된 상호작용을 의미한다. 또한 조직은 기능적 측면으로 조직내에서의 구성원들의 행위를 조정하고 통합하는 관리적 혹은 조직 과정적 측면을 나타낸다.

1) Line, Staff와 Functional Organization

우리가 일반적으로 기업의 업무를 중심으로 한 기능 발휘의 핵심 조직의 틀은 라인, 스태프 그리고 기능을 중심으로 한 조직에 근간을 둔다. 실지로 호텔의 업무를 관장하기 의한 측면에서 Job description을 따라 Job analysis를 통해 이들의 업무가 호텔경영측면에서 어떻게 효율적으로 조합 또는 관장되었을 때 경영목적을 달성했느냐는 점에 착안하게 된다. 일반적으로 라인조직은 체계에 있어서 일관성에 근거한 것이기 때문에 신속한 업무를 통한 이점이 있다고 할 수 있다. 반면에 스태프조직은 업무수행에 흐름이 다소 더디지만 의견수렴이나 기타 과정상의 통제나 조언을 통한 신중하고 자문적 이점을 갖고 있다면 기능을 중심으로 한 조직의 체계는 일의 능률을 촉진시킬 수 있는 점에 착안할 수 있다. 이러한 조직의 틀을 효율적으로 또는 호텔이 추구하는 여러 관점에서 장단점이 논의 되어야 할 것이다. 기능조직은 F.W. Taylor 조직으로 과학적 관리법을 실현하기 위해 직계식 결함을 시정하고 포괄적인 책임과 권한이 기능적으로 분해되어 책임과 권한이 각기 기능마다 행사되는 조직형태를 말한다. 이 조직은 직장을 양성하는 기간을 단축할 수 있으며, 분업이 계획적이기 때문에 각 직장에게 정확한 과업을 할당할 수 있는 점에서 좋다. 일의 성과에 따른 보수의 정도를 결정할 수 있고 감독의 전문화가 능동적일 뿐만 아니라 각자의 높은 기능적 능률이 요구되며 육체적 노동과 정신적 노동이 분리되는 이점을 갖고 있다. 그런가 하면 명령이 통일되지 않아 질서에 문제가 있을 수 있으며 책임의 소재가 불명확하며 직능이 너무 전문화되어 생기는 문제점도 간과할 수 없는 제도이다.

2) Line organization

(1) 장점

① 명령계통이 단순하고 그에 따라 관리비용이 적게 든다.
② 조직원의 권한, 책임이 분명하게 규명된다.
③ 수직적 명령전달체계를 갖추게 됨으로 명령체계가 단일하고 명백하다.
④ 임기응변의 조치가 항상 가능하고 결정이 쉽게 이뤄질 수 있다.
⑤ 조직 구성원의 훈련이 용이하게 이뤄질 수 있다.
⑥ 명령과 권한의 한계와 계층이 분명하여 조직이 안정될 수 있다.

(2) 단점

① 상사가 모든 일을 관장하여 직장으로써 제대로의 기능을 수행하지 못할 수도 있다.
② 일관된 명령체계로 일선근무자의 의견을 들을 수 있는 분위기가 아니다.
③ 분반된 계층에 분장된 업무만 관장되기 때문에 부서간의 유기적 업무협조가 어렵다.
④ 업무의 신속성은 인정하나 상사의 독단이 폐해를 가져올 수도 있다.

3) Line & Staff Organization

(1) 장점

① 일상 업무에 라인부문에 업무에 전념할 수 있으며 일상 업무외의 업무는 staff의 조언을 얻을 수 있다.
② 소수의 상사의 능력에 의존해 운영되는 위험을 경감할 수 있다.
③ 후계 전문가에게 훈련의 기회를 제공할 수 있다.
④ 상세한 분석업무에서 라인 관리자를 해방시킨다.

(2) 단점

① 역할이 명확치 못할 때 조직의 혼란을 야기할 수 있다.
② 숙련자의 실천력이 약화될 수 있다.
③ 명령체계의 조언 권고적 참여가 혼동되기 쉽다.
④ 라인부문과 스태프부문 종업간의 불화의 가능성이 있다.
⑤ 라인의 창의성 발휘를 저해하기 쉽다.
⑥ 조직의 중앙집권화를 촉진할 수 있다.

4) Functional Organization

(1) 장점

① 이 제도는 직장을 양성하는 기간이 단축될 수 있는 조직제도이다.

② 각 직장에게 정확한 과업을 분업보다 계획적으로 과업을 할당할 수 있다.

③ 일의 성과에 따라 보수를 확정할 수 있다.

④ 전문적 감독으로 업무의 능률을 높일 수 있다.

⑤ 기능적으로 수준 높은 능률이 유지될 수 있다.

⑥ 육체적 노동과 정신적 노동이 기능상으로 분리된다.

(2) 단점

① 기능적 체계로 운영되기 때문에 명령이 통일되지 못해 혼란을 줄 수 있다.

② 기능상의 전문화가 쉽지 않다.

③ 라인조직에서처럼 일원화된 책임 소재가 되지 못해 책임소재가 불분명하는 단점이 있다.

④ 기능을 중심으로 다양한 전문화는 전체적으로 관리자를 증가케 해 관리비용이 많이 들고 명령체계에 혼란을 키울 수 있다.

⑤ 조직이 수평화된 특성으로 전반적으로 안정화를 가져올 경향이 있다

⑥ 관리자들이 책임영역을 두고 마찰을 빚을 수 있다.

5) Committee Organization

각종의 관리조직에 있어서 기능부문간, 명령계통의 상호간의 연락과 통일을 꾀하기 위하여 조정하는 조직으로 위원회는 집행에 대한 결정권한, 조언권한, 조정기능 등은 있으나 집행권한에 대헤서는 부적당하다.

(1) 장점

① 부문상호간의 연락 및 협조가 밀접하다.

② 최선의 판단을 기대할 수 있다.

③ 조직상호간의 오해를 해소할 수 있다.

④ 최고경영자는 부문간의 조정을 통한 의사결정이 가능한 조직으로 이해된다.

(2) 단점

① 회의로 시간을 낭비할 수 있다.

② 책임소재를 가리는 문제가 분명하지 못하다.

③ 의견통일이 없으면 부문상호간의 융화를 해칠 수 있는 조직형태이다.

④ 소수의 의견이 전체를 좌우하기 쉽다.

6) Operating Division Organization

사업부제 조직으로 지역별, 제품별, 시장별로 분화하여 분권관리의 조직원리에 따라 독립체산제 형식의 조직이다. 이 제도는 사업주에 권한과 책임을 부여함으로 자주성을 보장하며 자본의 조달 운영 등의 재무관리 기능을 중앙에 집중시켜 최고경영자가 고유기능과 종합관리를 달성하도록 디자인된 조직형태이다.

(1) 장점

① 업무상의 의사결정체계는 사업부장이 진다.

② 전사적 스텝이 전략적인 의사결정을 주 임무로 할 수 있다.

③ 최고경영자는 총체적인 경영의 관점에서 문제를 확정할 수 있다.

(2) 단점

① 노력과 인적자원의 낭비가 있을 수 있다.

② 균형잡힌 사업계획의 수립이 어렵다.

③ 이 제도는 주로 단기적 관점의 업적에 치중되는 경향이 있다.

2 호텔조직

호텔조직은 관리, 객실, 식음료, 부대시설, 고객관리 등의 부문을 들 수 있다. 관리부문은 영업, 총무, 인사, 시설, 구매, 회계 및 재무 판촉, 홍보와 CRS 등을 들 수 있다. 객실부문은 프론트, 리셉션, concierge 그리고 Operator 등과 객실정비 및 린넨이나 세탁물 관리업무를 관장하며, 식음료관리 부문은 식당, 음료, 연회, 조리 및 이에 관련한 원가관리 등의 업무를 관장한다. 이외 부대시설은 스포츠, 오락, 유흥 등이 있으며, 고객관리 부문은 고객관리의 관리기준, 방안, 설정 등의 업무가 될 것이다. 이들 업무는 고객이 호텔에서 Check in에서 Check out까지의 과정에서 이뤄지는 총체의 업무가 될 것이다. 고객의 요구에 부응하는 다양한 형태의 일들의 총칭인 것이다. 그러나 이들 조직들은 각각 다른 업무의 전문성에 귀착하여 관장되기 때문에 업무의 효율성면에서 조화와 협조가 관건일 수 있다. 왜냐하면 호텔에서 이들 업무가 필요할 때 필요를 충족하기 위한 점에서 조화와 협력의 필요성이 있다는 뜻이다. 다른 말로 말하면 이들 상품의 가치가 동시에 융합되어 완벽한 상품으로 된다는 점이다.

조직이란 다수의 인간들이 그들의 공통된 목적을 달성하기 위하여 상호작용을 하고 조정을 행하는 유기적인 행동의 집합체로 규정하고 있고, 시스템적으로 볼 때 조직은 목표를 가지며, 조직의 목표달성을 하는데 필요한 전문화된 활동들을 결정하고 이를 어떤 논리적인 유형에 따라 집단화시키고 이를 각 개인의 책임 하에 할당하는 조직구성원 행위의 유형화인 구조를 갖춘다. 조직 내에서 구성원들의 행위를 조정하고 효과적으로 계획, 조직 통제하는 관리적 과정의 기능을 수행한다. 호텔조직의 형태는 다양한 환경이나 여건에 의해 형태화 되는데, 일반적으로 경영주의 호텔 설립이념, 호텔장소, 상품, 구조적 형태, 경영진의 배경과 훈련 그리고 호텔의 소유형태나 부대시설 등에 의해 조직이 형태화된다.

1) 조직의 역할 및 특성

개인의 집단을 우리는 조직이라고 한다. 조직의 역할은 개인 혼자서는 이루지 못한 것을 조직의 힘으로 이룰 수 있고 개인에게 정서적, 지적 그리고 경제적 욕구를 충족시켜준다. 인간이 본래 사회적 동물이고 또 호텔에서의 기업목표는 개인 혼자서 이룰 수 없고 여러 다양한 능력과 아이디어 협력과 협조 등을 통해 조직 목표를 이룰 수 있다. 조직의 구성원을 통해 다양한 개인끼리의 교류를 통해 개인의 숙련도를 높일 수 있을 뿐만 아니라 개인의 다양한 전문지식을 집합함으로 조직의 가치를 이룰 수 있다. 개인은 조직체에 기여하고 그 대가를 통해 삶을 영위한다. 이렇듯 인간사회에서 개인의 집합을 통해 개인이 이룰 수 없는 목표를 이루게 하고 개인으로써는 생활수단의 제공처이기도 하다. 조직에서는 사장될 수 있는 개인의 능력을 인정받고 개인은 그것의 인정으로 생기는 존재가치를 확인하는 기회로 되어 자부심을 갖게 하는데 이는 인간의 전형적 삶의 가치를 실현하고 존재가치를 인정받는 것으로 된다.

이렇듯 조직은 개인의 집단이며 공동체적 특성을 갖고 있다. 이로써 개인집단의 위계를 구성함으로 경영목표를 달성하게 된다. 상사가 있고 명령이 있어 그 시달된 명령을 수행하는 종업원이 있는 것처럼의 조직은 하이어라키(hierarchy) 즉 계층을 이루고 있다는 점이다. 조직은 필요에 의해 구성된 단위이다. 이 단위는 기업이 지향하는 일관된 목표를 달성하기 위함이다. 따라서 조직은 이 목표를 달성하기 위해 구성된다. 그러기 위해서는 조직에는 규칙과 일관된 운영규칙을 필요로 하게 된다. 이와 같은 특성을 가진 조직의 성공은 위에 언급한 제반 내용에 부합할 때 존재가치를 인정받게 된다.

2) Job Description과 Job Analysis

우선 호텔이란 특성이 어떠한 일이 필요하고 사명이 무엇인가를 중심으로 구체적 업무를 나열 정리하는 것이 Job Description이라고 한다면, 이들 필요한 업무를 구체적으로 분석검토하며 또한 업무관장의 우선순위 혹은 업무의 흐름도 등을 분석검토한다면 이를 우리가 Job Analysis라 할 수 있다. 이들 과정은 조직형성과정에서 조직을 만드는 기초적이고 또 필수적인 과정이라고 할 수 있다. 따라서 조직화는 조직목적을 정하고 직무분석을 통해 목표달성을 위해 해야 할 일을 찾아야 하고 직무와 권한에 기초한 직위를 정하고 직무형태를 중심으로 직위의 상호관계를 규명하는 단계가 필요하다. 이어 각 직위에의 적절하고 합리적인 인원을 배치함으로써 조직화를 한다.

3) 조직화

호텔의 경영능률을 높이기 위해 조직화하는 데는 각 개인이 이질적인 다기능을 한꺼번에 하게 하는 것보다는 소수의 기능에 전문화하여 조직능률을 높여야 한다는 이론이 있다. 그리고 각 조직의 내용, 권한, 직무를 문서화하여 정확히 규명하고 책임과 권한의 명확화를 통해 자기 직무에 전념하게 할 뿐만 아니라 결과론적 책임을 물을 수 있도록 책임과 권한을 분명히 명확히 할 필요가 있다. 조직에서는 권한을 가진 자와 이를 전달받아 실행하는 자가 있다. 기업이 대규모화하고 복잡한 업무로 책임의 한계를 위임받아 이를 실행해 옮기는 권한위임이 있다. 이는 실무자가 신속하고 실질적 대고객 서비스를 실현하게 되는 이점이 될 수도 있다. 조직화에서 중요한 것은 정확한 명령일원화의 전달이다. 조직에서 명령이 일관되게 분명히 전달될 수 있도록 조직화되어야 하며, 적정인원의 감독과 권한을 소유할 수 있도록 직위를 중심으로 조직화되어야 한다. 상사의 권한이 미치는 범위가 너무 넓을 때 감독범위의 한계를 벗어나는 경우가 있을 수 있기 때문이다. 또한 조직화에서 조직의 단계가 너무 복잡하여 부하직원과의 커뮤니케이션이 어렵고 명령하달에 시간이 걸린다는 사실을 간과해서는 안 될 것이며 또한 인건비도 절약되는 조직화를 해야 할 것이다.

3 호텔업무의 내용

전체적 내용은 영업, 총무, 인사, 시설, 구매, 회계, 재무, 판촉, 홍보업무 등응 중심으로 한 관리부문의 업무와 Front office reception, Business center, Concierge, Housekeeping, Linen, Room Service 등의 객실부문업무 그리고 식당관리, 음료관리, 연회관리, 이들 조직관리, 원가 및 기타 자재관리 등을 관장할 식음료업무가 있다. 또한 스포츠센터, 유흥 및 오락 관련시설 및 기타 고객이 필요로 한 업장의 업무와 고객의 편리 및 AFT SVC(after service) 등을 관장할 고객관리부문의 업무가 있다고 할 수 있다.

1) 호텔 조직부문

호텔조직은 호텔이 갖는 기능구성의 규모, 경영방침에 따라 다를 수 있으며, 일반적으로 호텔이 labor intensive industry라는 점에서 중간관리층이 적은 것이 권장되기도 한다. 호텔의 성격이나 목표달성 전망상 분업이나 전문화의 선택을 해야 하며 부서에 따라서 관리기준인 작업집중도나 기준작업량 등을 활용하게 되는데, 이는 호텔의 규모나 상품의 다양도 등을 고려하여 정하게 된다.

2) 호텔조직 관리부문

호텔업무를 효과적으로 수행하는데 필요한 제반 사항을 계획, 지원하는 부문이다. 호텔의 영업을 기획하고, 경영정책이나 통제, 예산의 편성 및 정원관리나 경영분석을 통해 호텔의 경영정책이나 성과를 관리한다. 조직편성과 정원관리, 원가관리, 통계, 채용, 인사, 노무, 급여에 관한 계획 및 관리, 시설 및 안전관리, 재무와 지출 등의 재무관리, 기타 시설관리 부문을 담당한다.

3) 총무, 기획

부동산, 사무용품, 임금, 안전, 차량, 통신, 기타 경비 등을 관장하는 부서의 총무, 그리고 고객관리, 조사, 분석, 계획을 담당하고 수요예측을 통한 시장을 개척하거나 판촉활동을 관장하고 효과 분석 및 효율성 계획 등 목표를 정하고 그것을 달성하기 위한 기획 및 계획 업무를 관장한다. 호텔의 크기와 특성에 따라 다소 포함영역을 달리할 수 있는데 총무부를 두는 곳은 서무, 직원식당 운영, 인사, 비서업무, 옥외 경비 그리고 인쇄물 구입을 담당하는 부서이다.

4) 시설

호텔에 필요한 시설의 배치, 통제, 시설운영 효율성 관리를 관장하며, 건물, 기계, 통신을 비롯해 전기, 방송 주차장 시설, 소방시설업무를 관장한다. 시설의 계획 및 용도의 타진 및 운용은 시설비용이나 영업 등의 비용도 절감하는 역할을 한다. CRS 시스템을 활용한 업무경비를 줄이거나 업무의 효율성이나 능률과 관계한 것들이 그 예이다. 특히 에너지, 소모품이나 원가절감계획 등의 내용도 포함된다. 시설부를 운영하는 경우는 방공, 방화, 기계, 통신, 냉난방, 목공, 도료, 건물 그리고 보수업무를 관장한다

5) 인사, 노무

효과적 업무추진을 위한 호텔업무의 조직, 종업원 채용, 이동, 승진, 배치, 급여를 비롯해 종업원의 복리나 후생에 관한 업무 또한 종업원 교육, 업무의 능률을

지향한 종업원 훈련이나 노사관계를 비롯해 호텔의 광고나 홍보 등의 업무를 관장한다.

6) 회계, 재무

호텔에서 고객관리, 여신 구매 재료비 등의 재무관리 업무가 포함되며 또한 호텔의 자금을 조달하거나 종업원 급료, 신용거래 등이 있으며, 고객으로부터 받은 돈 관리 및 정산 등의 업무가 있다.

7) 영업 및 판촉

호텔업무의 핵심은 영업이다. 영업은 판촉활동에 있다. 판촉의 핵심내용은 시장조사, 종업원 교육, 영업전략의 분석, 거래선 판매계약, 목표, 판매조직 운영 및 관리 등의 전반적 업무를 포함한다. 판촉물 디자인, 제작, 배포, 호텔 이미지 고취, 광고 및 기획, 상품화 방안, 판촉 및 마케팅 루트의 개발 및 운영 등의 전반적 내용을 포함한다.

8) CRS(Computer Reservation System) 및 HIS(Hotel Information System)

호텔업무를 효과적이고 효율적으로 운영 관리하기 위한 필요한 정보 제공루트 및 관리를 위한 시스템을 말한다. 호텔의 정보관리 및 경영지원, 업무에 필요한 사무자동화와 판매루트에 필요한 전산시스템 즉 예약 등을 효과적으로 하기 위한 내용을 포함한다.

4 　호텔 부문별 조직

호텔부문은 고객과의 접촉이 가장 많은 프론트오피스, 리셉션, 비즈니스센터, 컨시어지나 교환서비스 업무를 관장하는 객실부문 업무, 식음료, 연회, 조리 등의 업무를 관장하는 식음료부서, 부대시설 분야, 그리고 고객관리에 관한 업무를 담당하는 고객담당 관련부서가 있다.

1) 객실업무

객실분야에서 담당하는 업무는 주로 고객의 숙박에 관한 분야, 영접 및 지원 서비스 분야를 담당한다. 예약 접수 및 영접, 객실판매에 관한 현황 파악 및 관리 운영서비스 업무를 관장한다. front office, house keeping 그리고 room service를 포함하는 이 부서는 room clerk, key clerk, mail clerk, record clerk, reservation clerk, floor clerk 그리고 night clerk의 업무를 담당하는 front office가 있다. house keeping은 inspector, linen house man, paint cleaner 등의 업무를 담당하고 front service는 bell captin, bell man, page boys, elevator operator, checker, door man 그리고 lobby man 등의 업무를 담당한다.

(1) front office

front office의 중심업무는 문자 그대로 고객과의 직접적 접촉으로 관련된 서비스로 예약, 접대부서이며, door, key, front office clerk, mail과 message업무를 비롯해 고객 필요서비스를 관장한다.

(2) reception

reception은 주로 안내, 숙박절차인 check in 및 check out, key 및 판매업무를 포함하며, 고객에게 필요한 정보 제공, 객실, 고객, 정보관리 등의 업무를 관정한다.

(3) Business 고객 관련 업무

비즈니스 목적의 고객을 돕고, 그들의 업무를 효율적으로 실행할 수 있는 업무를 담당한다. 정보를 제공하거나 필요한 사무기기 및 대여, 팩스, 번역이나 필요시 통역 및 회의실 대여 등의 업무를 담당한다.

(4) 교환

메시지 정보 제공 및 전달 서비스를 제공하며, 호텔 내외 통신 서비스, 안내 서비스, 회계, 영선, 기타 호텔업무 연결 및 운영보조 서비스를 담당한다.

(5) Concierge

고객의 영접이나 현관 주변에서 고객의 필요를 돕는 업무로 고객 소지품 운반, 각종 물품의 전달, 각종 필요 정보를 제공하며 로비지역에서 고객이 필요로 한 사항을 보조하고 돕는 업무를 관장한다.

(6) 객실정비

객실의 기능을 하는데 필요한 제반 설비의 관리 및 운영을 하는 업무를 담당한다.

(7) 세탁물 및 린넨 서비스

고객의 세탁물이나 직원의 유니폼 또는 린넨의 공급 및 관리를 하는 업무를 담당한다.

5 케이터링 부문

이 부서는 호텔의 식당 및 조리, 음료관리, 연회관리 또한 식음료 관리에 필요한 원가관리 등의 업무를 수행한다. food와 beverage 파트는 food purchase와 storage, 음식준비, 그리고 음료서비스 부서로 크게 나눌 수 있다. steward, store keeper, coffee man, glass, silver ware, washer, pot washer 그리고 pot cleaner 등의 업무를 담당하는 food purchase, cooks, butcher, baker, pastry chef, 그리고 ice cream chef 등의 업무를 담당하는 음식 준비부서, head waiter, captains, waiter, hostesses, bus boy 등의 업무담당을 둔 food service 부서가 있다. 또한 이 분야 업무에는 bartender, bar porter 등의 업무부서인 beverage부서, 그리고 banquet manager, captain, banquet waiter, waitress와 bus boy 등의 업무 소관인 banquet 부서 등이 있다.

1) 식당관리

이는 식당경영을 효과적으로 하는데 필요한 제반 요소들 즉 고객관리, 식당종업원 업무관리, 교육, 서비스 관리, 음식의 상품화 및 종업원 관리, 판매 메뉴개발 및 가격 결정, 그리고 식당에서 필요로 한 각종 시설 및 자재관리 및 운영, 보관 업무를 관장한다.

2) 연회

각종 연회행사의 예약, 진행업무, 각종 자재의 배치 및 관리운영, 제공가 산정, 고객의 안전, 연회상품의 질 관리, 종사원 교육 등을 담당한다.

3) 음료

음료 제공 수요파악 및 고객의 취향에 맞는 음료의 제공 및 공급, 새로운 음료의 개발 및 영업능률 개선 업무, 원가 산정 및 제공가 산정 등의 업무를 관장한다. 음료서비스 매너 및 종업원 교육 및 교재개발, 능률 극대화 노력 업무 등이 포함된다.

4) 조리

요리 및 조리 기술 개발, 조리방법 및 조리업무의 지원 및 해당 자재 구입 및 보관, 사용법 매뉴얼 제작, 식재료 선정, 원가관리, 식품위생관리, 조리인력 관리 및 각종 주방의 관리 및 지원업무를 총괄한다.

5) 원가관리

원가에 대한 절차, 관리, 통제 업무를 총괄한다. 메뉴계획, 구매에 관한 회계업무, 입출관리, 원가를 중심으로 한 재무분석 등의 내용이 포함된다. 각종 회계장부의 기록 및 통제 시스템 구축을 통한 관리 등이 있다. 판매 및 재고관리, 검수 및 저장 생산에서 매가나 시장분석, 재고, 판매나 원가분석 등의 내용이 포함된다.

6 인사부서

호텔 종사원의 채용, 승진, 배치, 교육, 노무 등의 인력관리나 연수교육을 비롯해 인사규정 관리, 노무에 한한 사항을 담당한다.

7 회계부서

회계 관련 업무는 financial, account payable(AP), Account receivable(AR), income audit, credit, payroll, cost control, receiving 그리고 system 등의 업무가 있다.

8 구매부서

이 부서는 food, general item, beverage그리고 stationary and power 등의 purchasing agent, 그리고 food store, general store 그리고 OPE store 등의 store keeper업무가 있다.

9 Sales와 Marketing 부서

이 부서는 마케팅이나 세일을 담당하는 부서로 marketing researcher, publication relation, advertising, planner, corporate sales, leisure group 그리고 convention 등의 세일업무를 관장한 부서이다.

10 Engineering 부서

이 부서는 공무(general affairs), architecture, machinery, refrigerator, boiler, electric, audio visual, telecommunication, 그리고 변전소, 폐수처리 시설, 안전관리 등의 업무를 관장하는 부서이다.

11 부대시설

부대시설은 호텔에서 고객의 필요를 위해 룸이나 식당 등의 시설 외에 휘트니스, 오락, 유흥시설, 면세점, 이·미용시설, 기념품점, 스포츠숍, 골프숍 등의 시설을 제공하는 것이다.

12 관리부문

호텔에 있어서 영업기획, 총무, 인사, 시설을 비롯해 구매, 회계, 재무, 판촉, 홍보 그리고 전산업무 등을 관장하는 부서이다. 호텔관리층의 의사결정에 도움이 되는 경영정보나 자료를 제공하고 정책, 계획수립 및 평가 그리고 조직, 정원관리, 경영분석 및 평가 또는 인사, 노무, 홍보 등을 담당하는 부문이다.

영업기획부문에서는 시장개척, 판촉 등의 업무를 다루고, 총무부문은 집기 부동산경비 및 차량 등의 업무를 담당한다. 인사부문은 종업원 채용 그리고 교육훈련 및 이동배치, 복리후생 등의 업무를 담당한다. 시설부문은 건축, 조경, 기계 및 통신, 주차장, 엘리베이터 등의 시설부문을 관장하여 에너지 및 비용절감 등의 노력을 하게 된다. 구매부서는 입재고의 관리, 품질규격, 성능을 비롯해 식자재관리를 하며, 회계재무 분야에서는 재무상황 기록, 야간 감사, 외상계정매출금 등을 관리한다. 한편 판촉은 판촉, 시장조사, 판촉요원 양성, 거래선 및 판매목표를 세우며, 홍보부서는 호텔의 이미지관리 강화에 힘쓰며, 광고 및 언론매체를 통한 홍보부문을 담당한다. 전산부문은 호텔업무의 효율성을 위한 전산화작업, 데이터베이스 인터넷 홍보 등을 담당한다.

그림 호텔조직도

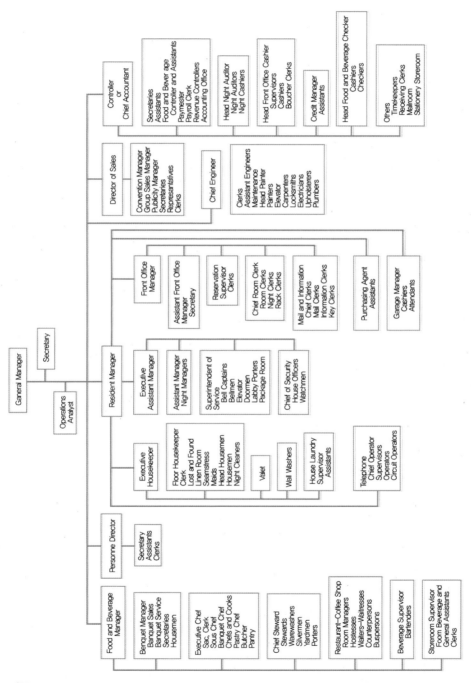

자료 : Hotel and Motel Management and Operations, Gray and Liguori, Prince Hall, p.52.

호텔경영형태

제 **5** 장

호 · 텔 · 경 · 영 · 론

호텔경영형태

오늘날 호텔이 다양하게 기능하고 시장에서 경쟁적인 우위를 위해 여러 가지의 경영형태를 보이고 또한 다양화 경향에 있다. 호텔의 목적이 영리를 목적으로 하고 있고, 이 목적 수행을 위해 다양한 방법을 통한 호텔경영의 묘를 활용하고 있다. 일반적으로 호텔이 주체의 권한을 유지하면서 다양한 형태의 제휴적 관계를 통해 운영되는 형태와 전적으로 주체의 기능을 양도함으로 목적을 달성하려는 형태로 구분할 수 있다. 전자는 referral system처럼의 형태이고 후자는 chain이나 franchise 등의 형태이다. 단독경영의 호텔은 자유로운 운영의 형태를 가질 때는 각종 인사권, 영업권 등을 독자적으로 운영할 수 있어서 다른 관련 제휴 기관과의 문제점이 문제되지 않지만 독자적으로 운영되는데서 생기는 제휴 상의 이점을 가질 수 없는데서 불리한 면이 있을 수 있다. 즉 제휴기관에서 있을 수 있는 공동 마케팅, 물품구입시의 다량구입의 장점, 국제적 감각의 광고나 홍보나 호텔의 경험부족에서 생길 수 있는 문제점을 보완하기 어렵다는 점이다. chain의 경우는 체인 본부로부터 파견된 전문인을 통한 호텔경영을 전담시킬 수 있고, 경험있는 체인 전문가를 통한 수익성 보장 등의 혜택을 누릴 수 있는 반면 경영 통제권을 가질 수 없고 체인본부의 경영자의 관리가 불가능하며, 위탁 수수료의 부담을 안게 된다. franchise는 타 호텔과 제휴가 가능하고, 일정한 범주 내에서 영업권이 보장되는 등의 이점이 있는 반면, franchise 본부의 부정적 이미지에 영향을 받을 수 있고 수수료가 만만치 않아 부담으로 작용된다. referral system의 경우는 타 호텔의 제휴와 referral이 가능하고 예약시스템의 활용 등에 유리하며, 리퍼럴의 수수료의 부담이 작용한다. 호텔영업자의 입장에서는 최소의 투자로 체인망을 증가시킬 수 있으며, 단점은 수입이 회원사의 리퍼럴 수수료로 제한되어 있다는 점이다. 임차경영호텔은 호텔경험이 없어도 투자가 가능하며, 매출 임대율 측면에서도 유리하다. 또한 체인본부 경영자가 운영함으로 재무관리가 쉽다. 경영통제권이 없고 제한된 수익성을 얻는다는 점이 단점이다.

Management contract이나 Franchise는 수직적 제휴의 형태이고 affiliation이나 referral은 수평적 제휴의 형태를 취한다. management contract 사례는 Ritz, Calrton, Hyatt 그리고 Hilton 등이고, franachise는 쉐라톤 워커힐 호텔이 예이고, affiliation의 예는 Radisson Plaza와 Holiday Inn이고, referral 형태는 Reading hotels가 좋은 예이다.

1 Independent 호텔

단독경영호텔은 일체의 타 기관의 경영상의 간섭이나 이해 관계없이 단독적으로 운영하는 점에서 이해관계에서 생기는 제반 비용을 절감하고 독립성을 유지할 수 있으나, 다분히 국제적 감각을 요구하고 있는 호텔경영상의 공조제휴나 경영상의 국제환경 변화에 융통성 있는 유리한 고지를 점하기 어려운 문제점이 있다. 호텔운영의 경험과 노하우를 전수 받을 수 없고 해외광고나 판촉 등에 불리한 경우가 된다.

(1) 장점

① 자기자본이나 소유주의 노하우가 있을 경우 체인이나 프랜차이즈에 수수료나 경영상의 제약 요건이 없어 유리할 수 있다.

② 경영상 독창성을 발휘할 수 있다.

(2) 단점

① 프랜차이즈나 체인의 규모에서 불리한 위치로 출발한다.
② 호텔사업의 특성상 지역적 한계에 직면할 수 있다.
③ 최신 축적된 국제적 감각에서 불리할 수 있다.

2 Chain 호텔

chain은 체인본부에서의 전문인에 의한 호텔경영이 되며 이러한 경우 호텔소유자는 경험이 없어도 투자가 가능하도록 된다. 호텔영업자의 경우 제한적 경영위탁수수료를 부담하지마는 최소의 비용으로 수입증가가 가능하게 되는 경향을 보인다. 호텔경영 전반을 위탁의뢰된 체인본부의 전문인에 의해 운영되는 management contract이며 건설도입, 개관준비, 위탁경영, 공동예약 및 운영시스템 사용, 공동구매를 통한 비용절감, 판촉을 통한 경쟁력 확보가 가능하지만 위탁수수료 지급의 부담과 경영권 등이 허락된다.

체인호텔은 체인본부의 강력한 광고로 독립호텔이 독자적 비용부담으로 광고할 필요성이 없을 뿐만 아니라 전 세계적인 체인망을 통해 최신 시설을 통한 예약의 편리함과 효율을 들 수 있다. 또한 공동판매활동을 통한 마케팅적 활동이 가능하다. 체인이라는 이점 때문에 개별 호텔이 누릴 수 없는 설비나 재료조달이 가능하고 체인망을 통한 대규모 구매를 함으로써 구매상의 유리한 고지를 점할 수도 있다. 전문화나 분업화를 통한 노동생산성을 향상시킬 수 있는 점이 특징으로 지적된다.

① 호텔의 체인화는 공통의 상표를 강력한 매스컴매체를 활용한 인지도를 높일 수 있다.

② 수신자 지급의 전화 시스템과 컴퓨터를 활용해 전 세계적으로 CRS시스템을 통한 공동예약시스템으로 활용할 수가 있다.

③ 독립호텔에서 한계가 있는 판촉효과를 체인본사를 통해 대대적이고 거국적으로 할 수 있다.

④ 체인명의의 명성으로 자본조달이 용이하다.

⑤ 체인명의로 대량구매가 가능해 설비조달이 유리하다.

⑥ 분업화에 의한 전문화를 통해 노동생산성의 향상과 낮은 수준의 인건비율을 유지할 수 있다.

3 Franchise 호텔

모 회사가 규모가 적고 영세한 개인이나 기업에 권한과 특권을 사용할 수 있도록 하는 가맹권 및 상품권의 판매제도이다. 지명도에 편승한 상표사용, 건설 및 운영기술 등을 전수 받고 수수료를 지급하는 형식으로 지명도를 통한 호텔의 국제마케팅 및 광고 홍보 등의 효과와 개관 전 준비, 자금조달의 용이성도 가능하다. franchise는 management contract와 함께 호텔에서 affiliation이나 referral처럼 수평적이 아닌 수직적 제휴의 특성을 갖는다. franchise는 계약조건에 따라 체인에서 일부 인력을 파견하며 공동체인 망을 이용해 예약, 광고 종업원 교육 등을 할 수 있게 된다. 이처럼 프랜차이즈는 특별한 상표나 서비스 명칭을 가진 소유자가 타인에게 동일한 제품이나 서비스 명칭 등을 팔 수 있도록 허용하는 특허권이라 할 수 있다.

프랜차이즈를 통하면 알려진 상표나 고객에게 익숙해진 이점을 통해 표준화된 시스템을 이용함으로써 사업능률을 올릴 수 있다. 또한 본부로부터 구매, 인사, 조리건축설계 등의 기술지원을 받을 수 있는 등의 이점을 갖는다.

(1) 장점

① 알려진 신용과 명성면에서 인지도를 통한 사업에 기여할 수 있다.

② 표준적인 시설을 사용하고 표준고객에 접근할 수 있어 판매능률을 올릴 수 있다.

③ 건축설계, 구매, 인사 조리 및 서비스 분야에서 본사로부터 숙련된 기술지원을 받는다.

④ 본사로부터 종사원 교육훈련 프로그램을 제공받을 수 있다.

⑤ 국제적인 감각의 마케팅 광고 홍보 시스템의 지원을 받을 수 있다.

⑥ 재무적 측면에 유리한 고지를 점할 수 있다.

(2) 단점

① 계약상에 설정된 가입비 사용수수료 등의 부담이 있다.

② 본부회사의 여건에 영향을 받는다.

③ 본부회사의 표준화에 의해서 독창성이나 고객관리 요령이 제약을 받는다.

④ 계약과 관련한 비용발생 소지가 있다.

⑤ 본부회사의 부적절한 정보로 손해를 볼 수도 있다.

⑥ 본부로부터 과도한 요구로 피해를 볼 수도 있다.

⑦ 지역사정과 다른 표준화나 가격을 요구 받을 수 있다.

4 Management Contact

　경영과 소유가 분리되는 호텔경영방식으로 위탁경영방식은 호텔소유주가 호텔경영을 전문으로 하는 체인회사에 호텔의 경영을 일정기간 위탁하는 경영방식이다. 이때 호텔소유주는 경영관련 의사결정은 하지 않고 운영자금, 영업비용, 금융비용 등 전반적 재정적 부담을 지며 호텔경영회사는 호텔소유주를 대신하여 호텔운영을 책임지는 운영의 대가로 호텔소유주와 합의에 따른 보상을 받게 된다.

(1) 호텔소유주의 역할

① 호텔 건축 및 경영에 소요되는 모든 자본 부담을 한다.
② 손실이 발생할 경우 부족분을 채워야 한다.
③ 소유주는 경영에 일체 간섭을 하지 않는다.

(2) 경영회사의 역할

① 직원의 선발, 승진 해고 등의 일체의 권한을 행사할 수 있다.
② 호텔회계부서의 관리 감독
③ 기자재 구매 및 호텔시설관리에 대한 책임

(3) 장점

① 위탁경영되기 때문에 특별한 노하우 없는 소유주가 호텔사업을 할 수 있다는 점
② 체인경영회사의 상호를 사용함에 따른 부가적 이익을 얻을 수 있다.
③ 경영본부의 기술계약이나 공동계약에 따를 이익을 얻을 수 있다.
④ 본부로부터 전문화된 전문인 교육을 받을 수 있다.

(4) 단점

① 소유주가 경영권이 없어 호텔경영에 참여할 수 없다.
② 경영수수료와 마케팅비용부담을 지게 된다.
③ 경영과 소유간의 관계로 분쟁의 소지가 있다.

5 Referral 호텔

비영리단체 조직으로 업자의 조합원 성격의 경영방식으로 회비를 내는 형식의 것이다. 이 제도는 호텔의 독립경영이 유지되는 형식으로 가입 조합원의 상호 보완적 시스템으로 공동예약, 공동판촉, 공동광고 등을 활용 각 조합원 호텔에 유리한 단합형식의 경영 시스템이다. 따라서 상호협력이나 제휴를 통해 경영의 효율성을 높일 수 있다는 장점이 있다. 비록 각 개별기업이 독립성을 유지하므로 구속력이 없을 뿐만 아니라 기능적인 문제점이 있을 수 있으나, 최소의 비용으로 공동광고, 원자재 구입이나 구매 그리고 교육 등을 가능하게 한다.

(1) 장점

① 경쟁상의 독자성을 유지할 수 있다.
② 공동으로 선전하고 공동으로 원자재를 구입하는 등에서 유리할 수 있다.
③ 계약된 공동시스템을 활용하여 송객이나 서비스 등의 향상을 꾀할 수 있다.

(2) 단점

① 수수료를 지급해야 한다.
② 리퍼럴 호텔들이 상호 기능면에서 횡적으로 연계되어 있지 못할 경우 문제점이 발생할 수 있다.
③ 구속력이 약하다.

호텔경영상의 독립권은 유지하면서 필요에 따라 상호간에 업무제휴, 상호협력을 통한 경영효율성을 높이는데 목적이 있다. 공동의 브랜드 아래 입회비, 연회비, 객실예약실적에 따른 수수료 등의 공동기금을 활용하여 공동으로 호텔의 판촉실적을 유리하도록 하는 제도이다. 장점은 ① 체인과 같은 거대그룹에 대항한 조치를 취할 수 있다. ② 국제적인 공동예약 시스템을 형성할 수 있다. ③ 호텔의 독립성을 그대로 유지하면서도 공동광고나 예약서비스 등을 공유할 수 있다.

6 Lease Management

이 임차경영방식은 토지 및 건물의 투자에 대한 자금조달 능력을 갖추지 못한 호텔기업이 제3자의 건물을 계약에 의해서 임대하여 호텔사업을 하는 것이다. 건물의 내장이나, 가구 및 비품에 대한 투자는 호텔기업이 부담하고 임차료는 소유주에게 지급하는 것이다. 장점은 ① 호텔기업에서는 별도의 과다한 호텔비용 축소할 수 있고, ② 건물주는 영업실적에 관계없이 일정한 임대료를 받게 된다.

■ 표 호텔경영형태에 따른 장·단점 비교

구분	소유자		경영회사	
	장점	단점	장점	단점
개별 경영형태	• 독자적 경영 • 수익의 극대화 • 통제력 보유 • 책임성확보	• 독자적 마케팅실 시 부담 • 위험부담 • 손익점 장기화		
리퍼럴 그룹	• 예약시스템의 접근 • 독자적 경영 • 높은 수익률 • 적은 수수료 부담 • 광고효과	• 높은 위험 부담 • 리퍼럴 가입 비용	• 최소의 투자로 체인의 확대 가능 • 리퍼럴 가입 수수료 수입	• 서비스 표준화와 품질의 통제력이 약함 • 수입의 한계성

프랜차이즈 방식	• 사업진출 용이 • 개발, 개업전, 영업기간 동안의 보조 • 운영 독립성 보장 • 높은 수익률 • 저렴한 프랜차이즈 비용 • 대량구매로 원가 절감 • 조기 이미지 정착 • 자금조달 용이	• 위험부담 • 로얄티 부담 • 프랜차이즈 이미지가 나빠질 경우의 위험부담 • 경영의 독창성 결여 • 원가상승 위험	• 최소의 투자로 체인확장 가능 • 프랜차이즈 가입 수수료 수입 • 재무조달이 용이 • 노사문제 감소 • 조기체인망 구축 • 재고품 소진기회	• 서비스의 특성과 품질에 대한 낮은 통제력 • 프랜차이즈 수입의 한계 • 환경변화 감소 • 기대이익의 낮음 • 상표손상 가능 • 분쟁요인 내재
위탁경영 방식	• 경영효율성 • 자금조달 용이 • 높은 수익률 • 운영수수료 절감	• 경영권 상실 • 높은 위험 • 과다수수료 지급 • 계약의 해지 어려움	• 체인네트워크 규모의 증가 • 운영수수료 수입 • 경영권 장악 • 우수직원 확보 • 투자수익 증대 • 자본의 위험성 부재	• 운영수입의 한계 • 소유권한의 최소 • 소유자의 재정력에 의존 • 운영기간 동안의 자산의 손실 • 법적인 분쟁가능
임대방식	• 호텔운영경험이 없어도 호텔투자 • 임대수수료와 같은 고정 수수료 수입 확보 • 낮은 위험부담 • 재무조달 용이 • 부동산 개발이익	• 운영통제력의 손실 • 임대협정의 한계로 인한 낮은 수익률	• 최소한의 투자로 체인의 화장가능 • 운영비용이 적절 • 감가상각과 적재 비용이 없어 수익률의 증가 • 독자적 결정	• 재정의 위험 증가 • 임대기간 동안의 자산 손실 • 수입감소시 투자 위험 • 개 · 보수 비용 증가

자료 : 이순구 · 박미선, 호텔경영의 이해, 대왕사, p.84.

1) 임차경영호텔

토지 및 건물의 투자에 대한 자금조달 능력이 없는 호텔기업이 제삼자의 건물을 계약 임대하여 호텔사업을 경영하는 형태의 호텔경영 시스템이다. 이때 경영주체인 호텔기업은 내장, 가구 및 비품을 투자한다. 이로써 건물소유주는 영업이익과 관계없이 고정 임대료를 받고 또 경영통제권이 없기는 하나 경험이 없어도 호텔운영을 할 수 있는 데서 의미가 있다.

(1) 장점

① 건물주는 경영경험이 없어도 투자가 가능하다.
② 건물주는 영업실적과 무관하게 임대료를 받을 수 있다.
③ 위험부담이 없다.
④ 소유주는 내장 비품의 투자가 필요없다.

(2) 단점

① 자본조달 능력이 있어야 한다.
② 경영상의 통제권은 없다.
③ 임의 동의서의 제한된 수익성만이 가능하다.

7 Management Contract

호텔의 소유주와 호텔경영에 관한 책임 및 전문적인 지식과 기술을 가진 호텔경영회사 사이에 체결되는 경영관리의 위탁계약을 말한다. 비록 수수료를 내고 호텔경영상의 통제를 받게 되며 통제력을 발휘할 수 없는 단점이 있기는 하나,

이 제도는 호텔경험이 없이도 호텔운영이 가능하고 체인본부의 상표를 사용함으로 체인본부의 유리한 신뢰와 명성을 활용할 수 있다.

(1) 장점

① 소유자는 전문계약상의 요건이행으로 경험이 없어도 운영할 수 있다.

② 본부의 상호를 사용한 관계로 신뢰와 명성을 얻을 수 있다.

③ 체인 본부계열의 타 호텔로부터 송객을 받을 수 있다.

(2) 단점

① 수수료에 부담이 될 수 있다.

② 소유자는 호텔경영상의 통제력을 행사할 수 없다.

③ 호텔소유자와 호텔경영자 사이에 의사소통 문제가 발생할 수 있다.

1) 소유직영방식

동일회사 소유의 호텔을 직접 운영하는 시스템을 말한다. 이 제도는 소유와 운영이 동시에 가능하므로 경영상의 독창성을 유지할 수 있는 장점을 가진 호텔운영방식이다.

구분	긍정적인 측면	부정적인 측면
기업의 성장부문	• 소유경영자 중신의 집권적 의사결정방법에 의한 환경변화에 신속하게 적응할 수 있다. • 소유경영자가 장기적이고 일관적인 책임경영을 할 수 있다. • 사내이익 축적에 의한 자본조달이 가능하다.	• 소유경영자는 전문지식의 부족으로 기업성장을 저해할 수 있다. • 기업의 회계와 소유주의 가계가 중복되어 기업자금의 유용가능성이 있다. • 경영자의 확장주의적 성향으로 기업의 양적성장에는 기여가 가능하나 질적 성장에는 한계가 있다고 할 수 있다.

소유 경영자의 리더로서의 효율성 부문	• 소유경영자는 경영의 결과가 자신에 귀속되기 때문에 매우 부지런히 일한다. • 소유경영자는 자신의 개성 및 철학을 바탕으로 한 나름대로의 경영이념을 확립하여 조직 전체에 확산시킴으로써 조직전체를 일사분란하게 이끌 수 있다.	• 소유경영자는 독선적인 경영방식의 선호로 경영효율이 감소된다. • 기업이 소유경영자에 의해 폐쇄적이고 배타적으로 경영됨으로써 경영활동이 경직화된다.
구성원의 지각부문	• 소유경영자를 중심으로 가부장적인 화합을 추구하기 때문에 인간적인 결속이 가능하다. • 소유경영자가 경영에 따른 위험을 부담하기 때문에 구성원은 안정감을 갖고 직무를 수행할 수 있다.	• 소유경영자만이 경영에 책임을 지는 상황에서는 구성원의 무사안일한 업무태도가 초래된다. • 소유경영자의 독단적 의사결정은 한편에서는 구성원의 좌절감을 가져오는 원인이 된다.

자료 : 신유근, 한국의 경영: 그 현상과 전망, 박영사, pp.104-173.

8 호텔경영의 전문화

기업의 규모가 방대하고 시장에서의 경쟁이 심해지는 경향에서 독단적인 자본의 출자, 독립적인 생산과 판매 등과 같은 경영기능이 전문화의 경향으로 된다. 즉 소유와 경영이 분리되고 고용경영자 등을 통을 통한 전문적 경영기능을 활용하고 경영능률과 효율을 극대화하는 경향으로 된다.

이렇게 경영과 소유가 분리되어 운영되는 데는 기업의 성장과 시장에서의 우위를 점하기 위해서는 막대한 자본의 필요성이 있기 때문이다. 자본의 힘은 경쟁에서의 우위를 점하는 조건을 확충하는 기반을 구축하게 된다는데 이유가 있다. 경영적 측면에서는 현대의 복잡다대한 호텔사업의 전문적 수행과 능률과 효용성을 위한 전문적 식견이 요구되기 때문이다. 특히 호텔의 규모가 커지고 취급하는 상품영역이나 경영영역이 복잡다대함으로 이의 문제를 수행할 역량이 있는 전문인을 필요로 하게 된 것이다.

경영에 있어서 핵심을 이루는 경영자는 소유경영자, 고용경영자 그리고 전문경영자로 나눌 수 있는데, 소유경영자는 호텔의 소유자본을 투자하고 경영에 관한 의사결정과 지휘를 총괄하게 된다. 고용경영자는 유급경영자를 채용함으로 소유경영자의 업무를 대신하거나 보조함으로 호텔을 운영하는 방식이다. 한편, 전문경영자는 호텔의 규모가 복잡하고 커지며, 업무의 복잡성, 경쟁의 가열 등에 대처해 소유경영자나 고용경영자가 할 수 없는 기술혁신, 시장의 다양화, 제품의 다각화를 가져올 수 있게 하는 형태로 소유와 경영을 완전분리 운영함으로써 합리적이고 전문적 경영시스템을 구축할 수 있다.

9 호텔경영자

호텔에서의 경영자의 유형을 업무의 관장 정도를 통해 분류하면 최고경영층, 중간경영층 그리고 하위경영층으로 구분할 수 있다. 최고경영층은 호텔의 전반적 그리고 기본적 관리를 하는 층이고 경영계획을 세우고 통제하며 총괄하는 경영층이다. 중간경영층은 최고경영층이 결정해준 방침이나 계획에 의거 지휘하면서 부문적 업무사항의 집행하는 경영층을 말한다. 중간경영층의 역할은 최고 경영층과 하위 경영층의 커뮤니케이션의 역할을 하게 되므로 중요하다. 하위 관리층은 감독 및 현장관리를 하는 층으로 최고관리층에서 결정된 계획이나 방침에 따라 중간 관리층에서 구체화된 실행계획 또는 방침에 따라 현장지도 생산, 실천의 지도 및 감독하는 관리층을 말한다. 이는 주어진 권한 범위 내에서 지도 감독하며 명령 또는 지휘가 가능하다.

경영자란 회사를 외형적으로 대표하는 역할을 하며 회사의 리더로써의 역할을 할 뿐만 아니라 상하부 간의 연락자로서의 업무를 하여야 할 것이다. 또한 회사의 대변인으로써 모니터하고 전파하는 역할도 포함한다. 더구나 기업가로써 분쟁해결자로로서의 역할을 하여야 할 뿐만 아니라 자원 배분자 그리고 협상자로써의 역할을 하게 된다.

■ 표 제휴별 내용 비교

구분	관리운영위탁 Management Contracts	프랜차이즈 Franchise	업무제휴 Affiliation	리퍼럴 Referral
동일성	수직적 제휴 (모기업)	수직적 제휴 (모기업)	수평적 제휴 (모기업)	수평적 제휴 (모기업 없음)
주요 내용	체인에서 경영권장악 (책임한계: GOP까지)	프랜차이즈 의무수행	마케팅제휴형태가 대다수	
	공동 체인망 이용: 예약, 광고, 훈련 등	공동체인망 이용 (예약, 광고, 훈련 등)	공동체인망 이용 (예약, 광고, 훈련 등)	
	GM등 간부급 간부 파견필수 (10명 내외)	계약조건에 따라 체인에서 일부인력 파견	필요시 체인본부에서 간부 파견	체인본부는 비영리단체
	계약기간 :장기 (10년–20년)	계약기간 : 장기 (10년–20년)	계약기간 : 3년–5년	회비만 납부
	기본조건 Initial Fee Royalty & Management Fee :총매출액 1–3% 또는 GOP(총매출액의 25% 내외)의 10–15%	기본조건 Initial Fee Royalty: 객실매출액 4–5% 예약건당 수수료	기본조건 Initial fee 판매수수료	
	고급체인	중, 고급체인 호텔	중급호텔	중, 고급호텔
사례	Ritz Calton, Hyatt, Hilton 등	국내사례: Sheraton Walker Hill	Radission Plaza Holiday Inn	SRS Leading Hotels

자료 : 고석면, 호텔경영론, 기문사, 2009, p.65

핵 심용어

hotel

객실과 식사를 갖추고 대중을 위해 봉사하는 숙박시설로 여행자의 숙소 또는 휴식의 장소

motel

motor hotel의 준 말로 자동차 여행객 대상의 호텔로 주차장을 구비하는 고속도로나 교통로를 이용하여 설립 운영된 호텔형태이다. 1908년 미국 아리조나에서 처음 시작되었다는 설이 있다.

guest house

영국에서는 게스트 하우스는 소규모 호텔을 주로 일컬어 말하고, 미국에서는 대저택 옆에 지은 손님 숙소, 영빈관 등을 말한다

pension

소규모의 객실을 보유하고 손님의 접대도 극히 제한적인 유럽스타일의 전형적 하숙집 형태의 숙박시설이다. 주로 저렴한 숙박시설에 장기 체재형이며 조식만 제공되는 형식을 갖춘 숙박시설을 말한다.

Inn

유럽에서는 보통의 호텔보다 시설, 규모 등에서 비교적 작은 호텔의 숙박시설을 말한다.

youth hostel

주로 청소년 대상의 숙박시설로 이는 영리적인 관점의 사업보다 오히려 청소년 심신의 단련과 보건 휴양을 위한 숙박시설이며 특히 국제적 규약의 범위내에서 운영되므로 전 세계 어느 곳이나 같은 운영 시스템을 갖는다. 저렴한 비용부담으로 숙식을 제공하는 형식으로 청소년 관광촉진역할을 할 수 있는 숙박시설이다. 1909년 독일로부터 시작된 것으로 전해지고 있다.

hostel

도보 여행자나 자동차 여행자용의 값이 싼 숙박시설로 청소년 클럽회원 또는 여행자와 같은 특정한 이용자의 단체를 위해 가끔 운영된다.

lodge

특정 시즌만 사용하는 작은 가옥형태의 숙박시설

movillage

motobile과 village의 합성어로 자동차 이용 여행자를 위해 계획된 캠프장을 말한다

franchising

일정 요금 외에 총 매출액에 대해 할증분담으로 자사의 상호, 제품, 기술, 용역에 대한 이용권을 개인이나 집단에게 판매하거나 대여해 주는 행위이다.

chain

그들의 가용성과 대중에게 인지를 높이기 위하여 촉진활동의 돕는데 일개 재산이나 단위체 이상에 재무적 관심을 가지거나 소유하는 회사

referral

기존의 호텔들끼리 각자의 경영상의 독립성은 유지한채 상호 협력하고 제휴함으로 경영의 효율성을 높이는 제도이다

management contract

자산을 효율적으로 운영 개발하기 위해 호텔, 식당, 컨벤션센터, 종합 휴양지 등의 소유자들에게 전문화된 관리기법을 제공하는 경영협정으로 관리회사는 이익의 일정 배분율을 받고 실질적 소유권을 갖지 않는다.

호텔상품

제 **6** 장

호 · 텔 · 경 · 영 · 론

호텔상품

제 6 장

Hotel Management

호텔에서 생산되는 일체의 상품을 호텔상품이라 할 수 있다. 이는 고객이 호텔에서 부여받게 되는 각종 상품을 말한다. 호텔이 제공하는 가장 핵심적인 상품은 서비스라 할 수 있다. 그러나 서비스란 일반제조 상품의 상품과는 다른 특성과 성격을 갖기 때문에 이의 경영이 일반 제조상품의 그것과는 달라야 한다는 이야기다. 서비스란 타인의 편익을 위해 제공되며 봉사나 접대정도의 의미를 갖는다. 서비스는 판매되는 무형의 제품이며 상품판매와 관계된 활동이나 편익 그리고 만족으로 이해된다. 서비스는 행위 또는 편익으로써 무형이고 소유권 이양이 불가능하며 생산은 물리적 제품과 연관성이 있다(Kotler, 1982). 이동과 정보의 창조, 전달이라는 기능과 가치로서 형성되는 무형의 가치 또는 그 용역을 총칭한다.

1 호텔상품의 특성

1) 무형성

호텔상품의 주를 이루는 서비스는 일반제조 상품이 유형으로 디자인이나 크기, 색상 그리고 외관 등을 소비자가 직접 감지하고 선택 여부를 판단하나 서비스는 고객과의 약속이나 편익을 중심으로 된다. 이는 편익을 판매대상으로 하며 감정적이며 극히 추상적이어서 고객의 판단이 유형처럼 일관되지 않고 다양하며 유형적 제품의 판매에서 이뤄지는 소유권 이전이나 제품의 장소적 이전이 이뤄지지 않는다. 따라서 무형재의 유형화를 통한 tangible clue를 강조할 필요가 있다. 무형성이란 특징에서 나타나는 문제점은 저장 자체가 불가능할 뿐만 아니라 특허권의 유지가 불가능하여 tangible clue를 강조하거나 인적 접촉을 강조해야 한다. 특히 진열이나 커뮤니케이션 활동이 불가능하기 때문에 계획된 이미지 관리의 필요성이 있고 가격설정 기준이 명확하지 못하기 때문에 원가회계 시스템을 활용하거나 구매 후 커뮤니케이션을 강조할 필요성이 대두된다.

2) 생산과 소비의 동시성

서비스는 제품판매 시 장소적 시간적 제한을 받게 된다. 이는 생산과 소비가 동시에 이뤄짐으로 저장이나 보관이 불가능하기 때문이다. 서비스는 수요의 장소적 시간적 분산성이 크며 생산에서 독립된 유통이 존재할 수 없다. 이러한 특징은 서비스의 판매가 광고나 홍보 등에 의해 고객에게 감지되며 예약판매 등의 판매형태를 유지한다.

3) 소멸성

일반제품은 판매가 이뤄지지 못할 때 이를 보관 저장하여 적절하고 필요한 시기에 수요를 환기시킬 수 있는 반면에, 호텔상품은 당일 제품이 팔리지 못하면 상품의 가치를 상실하여 복구나 재생의 방법이 없다. 이로써 판매나 마케팅적 관점에서 상품성이 소멸된다는 점이다. 호텔에서 고객을 받기 위한 제반 준비가 되었음에도 고객이 없으면 고객을 위해 준비한 모든 상품의 가치가 소멸 상실될 뿐만 아니라 그것을 위해 투자되거나 준비된 제반 가치들이 비용이나 기타 손해로 처리되게 된다. 예컨대 고객을 위해 호텔에 히터나 에어콘을 고객을 맞기 위해 준비해 두고 호텔외관을 화려하게 장식하여 고객의 주의를 환기 시키려는데 들어간 비용이나 노력이 소멸 상실된다는 점이다.

4) 비분리성

서비스의 특징은 서비스 제공시 고객이 개입하게 되며 집중화된 대규모 생산이 어렵게 된다. 따라서 고객을 위한 교육이 제대로 되어야 하고 고객을 관리하는 능력을 소지한 종업원을 선발하고 교육시키는 것이 필요하다. 집중화된 대량생산이 어려움으로 다양한 곳에 서비스 망을 구축할 필요가 있다.

5) 이질성

서비스는 특성상 표준화가 곤란하고 품질통제가 어렵다. 이를 위해 서비스의 공업화나 개별화전략이 필요하기도 하다.

2 호텔상품의 종류

호텔에서의 상품을 서비스적 측면으로 분류하면 고객에 대한 종업원 서비스로써 대인서비스 즉 인적 서비스 상품과 제품과 기계 등의 사용을 통해 얻어지는 가치로서의 물적서비스 상품, 그리고 전체로서의 이용을 통해 시스템적으로 고객에게 유용하고 가치를 얻게 하는 시스템적 서비스 상품으로 분류할 수 있다. 따라서 이들의 복합적이고 체계적으로 융합해 호텔상품으로 된다.

1) 인적상품

호텔에서의 상품의 가치는 일차적으로 인적자원에 있다. 호텔상품의 핵심을 이루는 주요 부문을 차지할 뿐만 아니라 다른 물적상품의 내용이 부족하다 하더라도 인적상품이 이를 커버할 수도 있기 때문이다. 호텔직원의 친절, 접객태도, 유니폼 그리고 고객과의 교감, 능숙한 전문지식 등은 이들 인적상품을 이루는 내용으로 된다. 이를 위하여 호텔은 호텔맨을 채용하는데 있어서 자질, 능력, 적성, 인성을 비롯해 전문지식을 습득하도록 교육하고 또 여러 통제수단을 통해 인적 상품의 질을 높이는 노력을 하고 있다. 인적 상품의 특성은 각 개인이 갖는 다양한 능력을 비롯해 개성 기타 전문지식 등이 다르기 때문에 또한 고객과의 교감이 사람에 따라 천차만별하게 다르기 때문에 표준화 등의 방법이 불가능하고 그런 이유로 통제나 기타 관리가 어렵다는 점에 어려움이 있다. 이로써 호텔은 인적상품의 질 향상을 위해 일관된 방법을 취하기가 어렵다. 따라서 호텔의 인적상품의 질을 관리하기 위한 다양한 방법 즉 임금, 휴가제도 등의 종업원 복지에서부터 근무조건, 동기부여, 호텔맨으로서의 자긍심을 심어주는 내용에도 신경을 써야 할 것이다.

또한 인적 상품의 질을 높이는 내용으로 종업원에게의 정보 공유의 필요성, 조직에 있어서의 융통성, 전문지식, 그리고 업무수행상의 자동화, 기계화 활용상식 및 지식 그리고 업무 수행상의 수월성을 위한 관리가 필요하다. 이는 호텔 종사원이 고객이 원하는 모든 요구를 수행하기 위한 가능성을 갖추게 하는 것이다.

2) 물적상품

호텔은 무형의 서비스적 상품이 주를 이루지만 호텔의 외관이나 제반 시설, 예컨대 침대의 편리성, 호텔의 외관 및 디자인에서부터 호텔이 보유하고 있는 각종 유형의 이용시설의 내용도 포함된다. 방안의 온도조절 시스템 및 침대의 크기, 방의 구조에서부터 침대시트의 질 및 색상 드리고 티브이나 인터넷 등의 이용시설의 구비에 관한 편리성, 이용성 등의 내용이 포함된다. 미팅을 위한 미팅룸, 비즈니스 고객을 위한 비즈니스센터의 각종 서비스, 기타 사우나, 이·미용실, 식당 등의 각종 호텔 부대시설의 구비여건 등이 포함된다. 이는 고객이 그 시설이 존재함으로써 고객의 필요나 만족을 주는 모든 내용을 포함한다. 식당에 있어서 음식의 종류, 식자재의 신선도, 요리기술을 비롯해 실내장식 등의 내용도 포함된다.

기타 객실에 비치되어 있는 각종 소모품을 비롯해 필요시 요구되는 각종 장비나 물건이 포함된다.

표 호텔서비스 상품이 구성요소

호텔서비스	내용
위치	지리적인 위치(상업적 도심지, 도시, 시골, 항만 등) 위치에 따른 접근성, 편의성, 주변경관의 매력, 소음 및 방해성
시설	객실, 영업, 테니스장, 수영장 등 고객이 사용할 수 있는 제반 시설
서비스	물적서비스에 반한 각종 서비스, 고객의 관심도 및 서비스의 신속성 및 효용성
이미지	고객이 호텔에 머물고 있는 동안 위치, 시설, 서비스 분위기 등에 관해 인식하는 정도
가격	위치, 시설, 서비스, 이미지 등 호텔이 제공한 제반 요소에 대한 경제적인 평가

자료 : 이순구·박미선, 호텔경영의 이해, 대왕사, p.84.

3) 시스템 상품

이는 고객의 필요를 충족해 주기 위한 제반 인적·물적 내용의 운영이다. 예컨대 예약을 위한 CRS시스템, 자동화 등의 내용과 종업원이 이 업무를 수행하는데 체계화된 업무수행과정 등의 내용이다. 고객의 체크인·체크아웃을 비롯해 체재 중 사용하고 이용한 내용의 지급 시스템 및 전문지식 등이 여하히 관리되는가 등이 될 것이다. 기계화나 자동화 시스템 등이 아무리 첨단적으로 활용되게 구비되어 있다고 하더라도 이를 활용할 종업원의 교육이 미비하거나 업무수행 과정상의 비체계화나 무지로 그 기능을 발휘할 수 없게 된다. 시스템 상품이란 이러한 문제점을 동시에 해결하도록 인적 그리고 물적 상품의 활용이 되게 하도록 제도화된 내용을 말한다.

3 호텔서비스 및 품질관리

상품으로서의 서비스는 무형적인 상품의 총칭으로 사용되고 있고 협의로는 인간활동 그 자체가 상품으로서 고객에게 제공되는 것을 말한다. 서비스 제공은 접객담당자와 고객과의 인간적 접촉과 협동 그리고 그것을 둘러싼 다른 인적·물적 환경요건의 상호작용을 통해서 고객욕구를 만족시키는 편익을 창출하는 과정인 것이다.

서비스는 일방적으로 제공되는 것이 아니라, 기본적으로 접객담당자와 고객과의 상호작용을 통해 생성된 것으로서, 그 편익수준은 양자의 상호작용 정도에 의존하기 때문에, 접객담당자의 기능과 함께 고객 참여에 의한 양자의 관계성의 심화에 따라 향상된다. 서비스의 상품특성은 무형성, 표준화 곤란성, 변동성, 인간집약성(labor intensive), 소비의 동시성, 재고 불가능성, 사전평가 곤란성, 생산과정에의 고객 참여 등의 특성을 갖는다는 점에서 호텔서비스가 상품으로써의 관리에 고려되어야 할 사항이다.

서비스는 물질적 재화를 생산하는 노동과정 밖에서 기능하는 노동을 광범위하게 포괄하는 개념으로 생산요소와 같이 생산에 유용한 기능이나 내구소비재 등과 같은 소비의 대상으로 되는 기능을 가리킨다. 경제학에 있어서 재화에 대하여 서비스는 경제적으로 여러 기능이 갖는 기능을 유효하게 발휘하는 것으로서 유형재에 대한 무형재의 특성을 강조한다. 생산과 소비가 동시에 행해지고, 저장이나 이전 그리고 복제가 불가능하고, 공급자와 수요자의 협동으로써 행해지는 등의 특성을 갖는다. 따라서 호텔산업은 재화가 아니고 서비스 즉 용역의 제공에 의하여 대가를 얻는 산업이라고 할 수 있다.

호텔은 이처럼 직접적으로 인간의 욕망을 충족시켜주고 서비스가 다른 생산물로 대상화되지 않기 때문에 시간적으로는 생산과 동시에 그리고 공간적으로는 생산된 곳에서 소비되고 다른 노동은 노동대상이나 노동수단 곧 생산수단을 필요로 하나, 서비스노동은 반드시 생산수단을 필요로 하지 않는 서비스의 특성을 고려하여 경영되어야 할 것이다. 품질은 가격과 더불어 상품의 시장적성을 좌우하는 요소로 상품체를 구성하고 있는 고유의 물리적 · 화학적 성질의 전체를 의미한다. 따라서 호텔서비스 품질은 서비스 환경내에 있는 모든 상품적 구성요소가 상호작용하여 서비스 품질로 나타난다고 할 수 있다.

호텔서비스는 상품으로써 구성하고 있는 요소로는 위치, 시설, 서비스, 이미지 그리고 가격 등의 내용으로 구분될 수 있다. 호텔의 위치가 도심지, 시골, 해안 및 산 등의 지리적 위치에 따른 접근성, 편의성, 주변의 매력, 경관 등의 서비스로의 상품은 위치에 따라 달리 제공될 수 있다. 호텔이 제공하고 있는 객실의 종류, 레저 및 레크리에이션 시설, 각종 스포츠시설 등과 고객에게 만족을 줄 수 있는 각종 인적 · 물적서비스, 그리고 고객이 매력으로써 인식하고 있는 이미지 또는 고객에게 인식되는 수준에 따른 가격 등이 그 내용이 될 것이다. 이들은 호텔이 제공하는 다양한 측면의 고객의 편익으로 서비스적 상품으로 된다.

표 호텔서비스의 유형

유형	서비스 대상
인적서비스	접객서비스, 주차서비스, 포터서비스, 벨맨서비스, 도어맨 서비스, 유니폼서비스, 주문 · 배달서비스, 환전서비스, 모닝콜서비스, 페이징 서비스, 마사지 서비스
물적서비스	객실, 레스토랑, 부대시설, 차량서비스, 분위기, 전망, 냉 · 난방서비스, 꽃 · 과일서비스, 테이블세팅, 신문서비스, 우편서비스, 놀이방 서비스, 비즈니스센터 서비스, 귀빈층 운영, 의료서비스, 어메니티(Amenity), 청소 서비스, 에스컬레이터 서비스, 엘리베이터 서비스, 건물 외관 및 조경서비스, 나이트서비스, turn down 서비스
시스템적 서비스	후불제도, VIP카드제도, 회원제도, 예약제도, 요금 및 요금제도, 할인제도, 특별할인제도, 영업시간, 수화물, 분실물보관서비스, 입 · 퇴숙서비스, 호텔등급 및 체인유무, Turn away 서비스

자료 : 허정봉 · 송대근, Hotelier를 위한 호텔경영학의 만남, 대왕사, 2007, p.339.

4 호텔서비스 품질

품질은 재화의 고유 특성으로 품질을 이해하고 특정속성을 중심으로 이해되며 사용자적 관점에서는 고객의 요구(wants)와 욕구(needs), 고객이 간주하는 주관적 만족능력으로 평가된다. 일반적으로 품질은 물품 자체가 갖고 있는 기본적 내용을 비롯해 소유되고 있는 내용, 속성, 종류 그리고 정도 등을 의미한다. 그러나 호텔 등의 품질의 내용은 호텔이 갖는 고유의 특성이 주관적이며 감정적이고 지각적인 측면에서 이해된다는 점에 일반 제조상품의 그것과 구별된다. 이러한 점에서 서비스 품질은 품질의 내용이 객관성을 부여하기가 어렵고 서비스성을 부여하기가 곤란하다. 이유는 생산과 소비가 동시에 이뤄지는 호텔서비스의 특성 때문이다.

서비스의 특성에 비추어 서비스품질을 결정하는 요인으로는 기능, 기술품질 또는 과정에 기초한 고정 및 결과품질을 들 수 있고, 물리적 상호작용, 이미지, 성과, 의사소통 그리고 심미, 배려, 편안, 의사소통, 종사원의 역량, 친절이나 친근감, 업무수행상의 유연성, 신뢰나 안전 등의 내용을 포함한다고 할 수 있다.

5 호텔서비스 품질내용

첫째, 서비스업이 갖고 있는 물리적 시설, 장비, 도구, 진열, 실내장식, 시설의 조명, 직원 커뮤니케이션이나 조직 구성원의 유니폼이나 용모 등을 들 수 있다. 둘째는 고객에게 서비스 이행능력으로 확실성이나 유연성 등의 내용을 포함하는 신뢰성이 포함되며, 셋째는 서비스를 신속하고 정확한 서비스로 고객의 요구를 충족하는 대응성이 요구된다. 특히 종사원의 서비스 능력, 고객에게 느낌을 주는 친절성이나 신속성 등의 종사원의 수행능력과 고객에게 줄 수 있는 호의감이나 친절을 비롯해 고객에게 신뢰와 확신 그리고 진정성이 요구되며, 서비스 수행과정이나 수행결과에서 얻어지는 안전성, 서비스 시스템에 대한 접근가능성과 접촉용의성을 포함한 접근가능성, 고객의 의사와 뜻을 이해하고 실행해 옮기는 고객

과의 의사소통능력 그리고 고객의 진정한 요구를 이해하여 고객의 욕구에 부응
하는 등의 내용이 중요하다 하겠다.

6 호텔서비스 품질의 구성요소

서브퀄(SERVQUAL)에서의 내용은 물리적 시설, 장비 그리고 외양 등의 유형성,
서비스의 이행여부 등에 관한 신뢰성, 고객필요 요구를 적절한 서비스를 적시에
제공하는 대응성, 종업원의 능력의 이행, 예절이나 신빙성, 그리고 안전 등의 확
신성, 그리고 회사가 고객에게 제공하는 배려와 관심 등의 내용이 포함된 커뮤니
케이션, 그리고 고객의 이해에 대한 공감성 등의 차원의 내용으로 볼 수 있다.

표 서비스 품질 측정내용

유형성(tangibility)	서비스업이 보유하고 있는 물리적 시설, 장비, 도구, 진열, 실내장식, 조명, 조직 구성원 등의 복장이나 용모, 신용카드의 계산 등
신뢰성(reliability)	약속한 서비스를 정확하게 이행하는 능력을 말하며 서비스 수행의 일관성과 확실성
대응성(responsiveness)	고객을 도우며 신속한 서비스를 제공하려는 의지로서 서비스 요원의 열의와 준비성
능력(competenence)	서비스 수행에 필요한 기술소유 여부와 지식
예절(courtesy)	고객을 접대하는 구성원의 친절, 친근감, 호의적 배려
신빙성(credibility)	서비스 제공상의 신뢰도, 정직성, 진실성
안전성(security)	고객은 서비스 제공과정이나 서비스 결과로부터 위험, 위기, 의심 등의 가능성
가용성(access)	서비스 시스템에 대한 접근성과 접촉 가능성
커뮤니케이션 (communication)	고객의 말을 귀담아 들으며, 고객들이 이해할 수 있도록 정보를 제공하는 것
고객이해(understanding the customer)	고객과 그들의 요구를 이해하려는 노력

자료 : 고석면, 호텔경영론, 기문사, p.209.

| 7 | **호텔상품 종류** |

호텔에서의 상품은 고객에게 제공되는 제반 상품을 지칭하는 것으로 현관, 하우스 키핑, 예약 등의 객실부문 상품과 식당, 음료, 조주 등의 내용이 포함된 식음료 관련 상품 그리고 이외의 부대시설에 의해 제공되는 상품으로 구분될 수 있다. 본래 상품은 매매대상이 되는 유무형의 모든 재산을 말하는 것으로, 이는 판매를 목적으로 생산된 재화이기 때문에 교환가치와 사용가치가 있어야 한다. 호텔에서의 상품이란 유형적인 상품과 무형적인 상품을 총괄한다. 물적상품은 유형자원에 속하는 시설상품을 말하고 인적상품은 무형자원에 속하는 각종 서비스와 호텔 종사원 등의 인적서비스를 포함한다.

1) 객실상품

객실은 호텔에서 핵심적 상품으로 고객에게 필요한 기본적인 것으로 이러한 객실의 기능을 극대화하기 위해 관련 업무가 따른다. 객실을 효율적으로 경영하기 위해 때로는 표준화가, 때로는 다양화가 이뤄져야 할 것이다. 객실판매의 합리성을 위해 표준화가 되어야 하고 객실기능의 최대의 다목적 기능을 위해 다양화가 필요할 것이다. 객실 공간 활용 방안, 경쟁관점의 우위를 위한 고급화 기타 객실 이용의 극대화를 위한 객실활용도 문제가 중요한 내용이 될 것이다. 그러나 단순화의 관점은 다양화와 배치될 수 있는 점이 있고, 단순히 경쟁을 의식한 고급화는 그렇치 않아도 높은 고정비의 의존도가 높은 호텔에 비용부담을 가중하는 결과를 낳을 수 있다는 점에서 중요하다. 이러한 이유로 호텔에서의 객실의 의미와 가치는 이유있는 가치나 의미의 관점에서 접근되어야 할 것이다.

객실상품의 내용은 호텔외관에서, 디자인, 호텔에 설치한 각종 시설 등의 물적인 것과 종업원의 친절, 이용의 편리성, 접근성의 용이 등의 인적, 그리고 호텔의 각종 노력에 의해 제공되는 시스템적 내용이 있을 수 있다. 이러한 점에서 객실은 고객취향의 미관, 청결, 안전, 쾌적 그리고 편리성을 줄 수 있어야 하고, 종업원의 친절, 친근감 그리고 고객만족의 서비스 내용을 담고 있다. 이와 같은 물적 그리고 인적 만족 요인이 조화를 이룰 때 고객의 욕구에 부응하는 휴식, 문화공간으로서의 역할을 할 수 있다는 것이다.

객실상품의 특성은 ① 서비스가 포함된 호텔의 주 상품이다. ② 계절, 정치, 사회, 문화적인 환경과 방문하는 고객의 구성변화에 따라 가격탄력성이 크며, ③ 객실수의 고정화로 수익이 제한되는 특성을 갖고, ④ 유형적인 것과 무형적인 것의 고객의 욕구에 맞도록 물적·인적 종합시스템 상품으로 구성된다고 할 수 있다.

2) 객실판매

호텔의 객실은 호텔 투숙객의 예약객 접수, check in, check out, 객실배정, key관리 등의 업무를 관장하는 프론트(front desk)에서의 기능을 수행하는 것이다. 예약객이나 walk in 고객별 또는 단체나 그룹차원의 고객을 상대로 한다. 일반적으로 판매하기 위한 제반 여건, 즉 컴퓨터화, 사무자동화, 체계화, 시스템화를 통한 업무의 능률을 담보하는 제반 시스템 구축이 중요하다. 신속하고 정확한 업무수행의 지름길이 될 것이기 때문이다. 종업원의 판매기능을 수행하기 위한 교육, 요원화, 전문화 등의 업무 노하우를 통한 능률적인 기능 수행이 중요하다고 할 수 있다.

3) 정보제공

객실의 또 하나의 중요한 기능은 정보제공 기능인데, 이 정보기능은 호텔 내부시설 정보와 호텔 외부 정보제공이 있다. 호텔 내부의 제반 기능을 제대로 이해함으로 고객의 요구를 충족하는 면에서 중요하고 또 다른 의미는 호텔상품을 고객에게 제대로 제공함으로 호텔상품의 판매에 영향을 미치게 한다는 점이다. 호텔외부 정보는 호텔 투숙객에게 필요한 정보, 항공, 시내 관광정보, 지역 이용정보 등과 같이 고객이 필요로 한 제반 정보를 포함한다.

4) 업무서비스

호텔의 기능 수행은 고객과 접촉이 많은 프론트에서부터 출발한다. 호텔고객의 전반적 요구를 충족시키기 위한 토탈 정보서비스(total information service)가 중요하다는 이야기이다. 고객이 호텔에 check in하면서 시작되는 호텔서비스와의 관계는 호텔의 전 상품을 이용하게 되면 이들 관련 기관의 유기적 서비스 체제가 필요한데 이에 대한 원활한 수행은 정보공유나 제공을 통해 이뤄진다. 고객이 호텔의 부대시설을 이용하고 사인했을 경우, 호텔 룸서비스를 이용하고 사인했을 경우 등의 내용은 고객이 호텔을 떠나기 전 check out 시까지 정리되어 지급되어야 하는데, 이를 위해서는 해당 서비스와의 업무연락이 원활해야 할 것이다. 이러한 점에서 프론트는 업무 중심처로써 핵심지점으로 된다.

5) 숙박고객 파악, 계정의 작성 및 정산

호텔숙박 고객을 맞이하는 데는 고객의 수요를 파악하고 이들을 맞을 준비가 충실히 되어야 한다. 룸의 상태가 파악되어야 하고 빈방, 예약 방, check out 현황, check in 고객의 파악이 필요하고, 청소 상태, 수리 중이거나 수리가 필요한 방의 파악이 중요하다. 이로서 룸랙이나 키 등의 업무로 이를 실행한다. 고객의 체재 동안의 각종 호텔상품과의 거래관계를 정리, 기록, 보관, 운용을 통해 지불조건, 지불방법의 명확화, 지불내역 기록 및 정산, 보고 시스템을 구축하게 된다. 이와같은 내용들은 호텔정보 시스템, 사무자동화를 통해 효율적으로 운용될 때 그 기능을 수행할 수 있다.

6) 고객편의제공

호텔의 만족도나 컴플레인(complain) 등은 호텔고객과의 접촉이 있는 프론트를 통해 이뤄진다. 이러한 문제를 미연에 방지하고 예방하면서 완벽한 서비스를 제공하는 창구의 역할을 하는 부서가 객실 후론트이기 때문에 그 역할이 중요시된다. 호텔에서 기본적으로 필요한 로비관리, 메시지 전달, 페이징(paging), 주차, 차량 호출, 화물보관, 내외 정보 제공업무 등의 고객서비스의 관리가 중요하다.

7) 객실운영

객실은 다양한 형태가 존재하고 다양한 요금제도가 존재한다. 객실의 요금이 개인고객 요금, 단체요금 가격, 할인요금, 추가요금, 분할요금, 성비수기 요금, 상업요금 등이 존재한다. 이와 같은 요금제도와 책정기준은 호텔경영의 마케팅적 관점의 고려를 통해 이뤄지고 있다. 호텔 요금제도는 일반적으로 공인된 공표요금, 호텔의 경영정책이나 마케팅적 관점에서 필요한 경우 실시하는 complimentary, special rates 그리고 성수기나 비수기에 적용되는 특별요금제도 등이 존재한다.

8) house keeping

호텔에서의 청결을 통한 편안한 숙박시설의 제공은 호텔상품의 가치를 높이는 일이 될 뿐만 아니라 호텔의 이미지를 창출하는데 영향을 미치며, 이들의 효과적 관리를 통한 호텔시설의 관리 및 수명을 연장시킬 수 있다. house keeping은 이처럼 호텔의 가정을 꾸미는 역할이다. 이들 분야의 주된 업무는 객실 하우스키핑, 공공부문 그리고 린넨과 세탁이다.

9) 시설

호텔에서 제공하는 하드웨어적 상품으로 호텔건물과 시설, 호텔상품 그 자체로서 이는 판매가 불가능한 대중공간도 포함한다.

10) 서비스

이는 종업원의 친절, 편안한 객실, 양질의 식음료가 제공되어지는 상품으로 고객에 의해 평가되는 특성을 갖는 상품이다. 서비스의 주 특성은 눈에 보이지 않는 비가시적 특성이 있으며 고객의 감정에 의해 평가되는 특성을 갖는다.

11) 위치

호텔이란 본래 수요를 따라 이동이 불가능한 상품이라는 특성을 갖기 때문에 입지의 중요성이 상품으로서의 가치로 인식된다. 생산성이나 상품의 구성이 입지에 따라 다를 수 있어서 입지와 환경이 더욱 중요하다 할 수 있다.

12) 이미지

상품이 갖는 고유의 상품적 가치는 이미지이다. 특히 호텔의 상품은 구매과정이 직접보고 결정하는 것이 아니고 소비자에게 인지된 이미지를 통해서 구매여부가 결정되므로 그 중요성이 강조된다. 이들 이미지 형성에 영향을 미치는 요소로는 서비스의 편익, 내외적 분위기, 상호 등을 통한 복합체적 인지를 통해 갖게 되는 총체적 인지의 결과로 기인된다.

13) 가격

호텔의 구매동기에 있어서 값의 중요성은 대단히 중요한 요소가 된다. 그러나 호텔상품 자체가 비가시적 특성을 갖게 됨으로써 값의 개념이 일반 제조상품과는 다른 각도로 이해된다. 가치값이 그렇고 기댓값 등이 그렇다. 값의 개념 자체가 소비자의 감정적 관점에서 평가되므로 그 의미가 일반 제조상품과는 구별된다.

8   호텔상품화

호텔의 상품화는 시간적 그리고 공간적 판매나 직간접적 판매 등의 방법으로 소비자의 구매행동을 자극하는 것이다. 그렇기 때문에 기본상품 외에도 다른 상품이나 서비스를 유도함으로 상품판매기능을 할 수 있는 여건을 확충하는 것으로 볼 수 있다.

따라서 호텔의 상품화는 호텔 자체의 다양한 측면의 고객의 만족도를 높임으로 고객에게 만족도를 높이고 인지하게 함으로 장기적 관점의 판매나 마케팅적 기능을 수행하기에 필요한 상품화 계획 및 목표를 수행하는 과정으로 인식되어야 할 것이다. 이를 위해서는 고객의 욕구나 만족도 증가시키기 위한 중장기적 관점에서 고객의 요구와 만족에 필요한 제반 요소를 간과해서는 안된다.

상품기획에서 중요한 것은 시장조사를 통하여 고객의 욕구를 파악하고 그에 적합한 방법을 찾아야 한다. 상품은 실용적인 면이나 적합도 면에서 상품으로서의 가치를 가져야 한다. 상품제공에 있어서도 적기 또는 적시에 제공됨으로 고객의 필요를 만족으로 유도함은 물론 서비스가 지니는 고유의 비가시성을 대비한 눙에 보이는 가시적 증거(tangible clue)를 강조할 필요도 있다.

고객의 만족이 종사원의 태도에 따라 만족도가 달라진 만큼 고객욕구에 부응하는 종사원의 준비된 숙련이나 교육이 필요하다고 할 수 있다.

1) 호텔상품의 특성

① 비전매성 상품

호텔상품은 일반상품이 손님에게 전체 물건을 소유할 수 있도록 판매하지만, 호텔의 경우는 사용권이나 부수적으로 제공된 서비스와 같은 내용의 상품으로 원 상품의 전매 자체가 불가능한 상품의 특성을 갖고 있다.

② 비탄력적 상품

호텔제품의 생산과 소비가 동시에 이뤄지고 시간적, 양적 그리고 장소적 제약을 받는 특성을 갖고 있어서 일반 제조상품과 달리 비탄력적이다. 상품 자체가 판매시점을 넘기면 상품으로서의 가치 자체가 상실되어 다시 팔 수 있는 성질의 상품이 아니다.

③ 계절성 상품

호텔은 성수기와 비수기의 수용의 변동이 심한 상품이다. 해수욕장 근처의 호텔은 여름에는 수요가 넘치지만 겨울에는 그 반대의 현상이 나타난다. 그렇다고 호텔이 성수기에 방의 공급을 늘리고 비수기에 줄일 수 있는 성질의 상품이 아니라는 점이다.

④ 상품의 이동이 불가능

호텔은 수요를 따라 이동이 가능한 상품이 아니다. 이는 호텔이 일정한 장소에 고정되어 있어서 판매실적이나 수용의 증가를 따라 입지를 옮길 수 없는 특성을 갖고 있다.

⑤ 인적서비스가 주가 되는 상품

호텔이 건물 자체나 기타 시설과 같은 가시적 상품이 있기는 하나 원천적 상품은 눈에 보이지 않는 비가시적 특성을 갖는다. 따라서 좋은 하드웨어를 가졌다 하더라도 운영은 인적자원에 의해 이뤄지게 됨으로 성공적인 호텔상품은 사람에게 달려 있다는 점이다. 호텔의 인적자원이 바로 호텔의 서비스요 브랜드인 셈이다.

⑥ 다양성의 상품

호텔에서의 상품의 특성은 같은 시설이나 공급을 하더라도 그것을 수행하는 인적자원에 따라 다른 상품을 제공하게 된다는 점이다. 그것이 어떻게 제공되는

지는 호텔의 종사원에 달려 있으며 그에 따라 제공되는 상품은 각기 다른 상품으로 고객에게 전달 제공된다는 점이다.

핵심용어

상품(commodity)

경제학의 입장에서 보면 상품은 한편으로는 가치를 지니고, 다른 한편으로는 사용가치나 효용(效用)을 지닌 노동생산물이다. 어느 재화가 아무리 인간의 생활에 유용하고 사용가치를 지니고 있다 하더라도, 공기나 천연의 물과 같이 노동의 생산물로서의 가치를 가진 것이 아니면 상품이라고 할 수 없다. 또 반대로 사용가치가 없는 무용의 것이라면, 노동생산물이라 하더라도 상품이 될 수 없다. 상품이 사용가치나 효용을 지닌다고 해도, 이것은 상품생산자의 물질적 욕망을 만족시키는 사용가치가 아니라 타인을 위한 사회적 사용가치이어야 한다. 노동생산물이 상품으로 불리게 되는 데는, 그것이 교환되어 타인의 물질적 욕망을 만족시켜야만 한다.

품질

품질(品質)은 공장에서 생산된 제품이나 서비스산업이 제공하는 서비스가 가지는 특성을 말한다.

품질관리(quality control)

넓은 뜻으로는 가장 시장성이 높은 제품을 가장 경제적으로 생산하기 위한 일련의 체계적 조치를 가리키나, 일반적으로는 앞의 좁은 뜻의 해석이 통용된다.

초기의 QC는 전제품에 대해 치수 · 중량 · 체적이나 재료의 화학적 성분 등을 측정하고, 그것을 미리 정해 놓은 품질표준과 비교하여 적부를 판정하는 방법이 취해졌다. 이 경우 그 측정은 과학성이 낮으며 또 전품검사(全品檢査)이기 때문에 비용에서도 부담이 컸다. 이 같은 결점을 극복하고자 1920년대에 벨전화연구소의 W.A.슈하트 등이 통계학을 큐시(QC)에 응용하였다. 이로써 근대적 QC로서 통계적 품질관리의 성립을 보게 되었는데, 그것이 SQC(statistical quality control)이다.

인적자본(human capital)

교육이나 직업훈련 등으로 그 경제가치나 생산력을 높일 수 있는 자본을 뜻한다. 인적자본이란 용어는 1950년대 말 미국의 노동경제학자인 슐츠와 벡커 등에 의해 본격적으로 쓰여지기 시작했다. 이들은 인간을 투자에 의해 경제가치나 생산력의 크기를 증가시킬 수 있는 자본으로 보았다. 인적자본을 많이 축적한 사람은 같은 시간, 같은 일을 해도 더 많고 좋은 상품을 생산할 수 있어 나라경제 전체적으로도 파이가 늘어난다는 것이다. 슐츠 등에 의하면 인적자본의 증가는 공장이나 설비 등의 증가보다도 미국 및 서구의 경제성장에 더 큰 공헌을 했다. 인적자본을 늘릴 수 있는 투자에는 △정규교육(학교교육) △현장훈련 △이민 △건강 △노동시장 정보 등이 있는데 이 가운데 가장 중요한 것이 바로 교육이다. 교육을 통해 인적자본을 많이 축적한 사람은 또 소득이 그렇지 못한 사람보다 높다. 사람을 찾는 기업의 입장에선 교육수준이 높은 근로자의 한계생산이 크기 때문에 더 높은 임금을 지급하고자 한다. 일자리를 찾는 근로자의 입장에서도 많은 교육을 받으면 그만큼 보상이 뒤따르기 때문에 교육비를 지급하려고 한다.

서브퀄(SERVQUAL)

SERVQUAL 또는 RATER 는 서비스품질 측정도구이다. SERVQUAL은 제이탐, 파라수라만 & 베리에 의해서 80년대 중반 개발되었다. 이는 원래 서비스 품질의 10개의 측면에 대해 측정하는 것이다: 믿음직함, 능력, 감응성, 접근가능성, 예절, 커뮤니케이션, 신뢰성, 안전성

front desk와 reception desk

front desk나 reception desk나 실제적으로 같이 쓰인다. 그러나 의미로는 그 위치가 어디 있느냐에 기준을 한 front desk와 그 기능 내지 역할이 무어냐에 따라 reception desk라 부르는 차이가 있다고 할 수 있겠다. 실제로 front desk에서 reception만 하는 것이 아니라 다른 것도 하기에(예를 들면, 외환 화폐 교환 등) front desk가 보다 큰 의미를 가진다고 하겠다.

information service

통신망을 통하여 정보를 필요로 하는 각각의 사용자들에게 필요한 정보를 제공하는 것.

룸랙(room rack)

호텔 전체의 객실 이용상황을 알 수 있게 하는 현황판으로 룸 인디케이터(Room Indicator)와 연결되어 있는 프론트 오피스(Front Office)의 비품 중의 하나이며 금속성으로 제작된 포켓(Pocket)이 객실 번호순으로 배열되어 있어 층별, 객실종류, 객실요금, 객실형태, 현재의 객실상태 등을 마크나 색깔로 나타내고 있다. 현대 호텔의 전산화에 의해 룸랙이 설치되어 있다.

complain마케팅

고객이 불만을 말할 수 있게 만들어주고 그 불만을 해결하는 것을 말한다.

paging service

고객간의 만남을 이루게 해주는 것으로서 호텔에 고객이 찾아와 만나고자 하는 손님을 찾아 달라고 문의할 경우 또는 전화상으로 호텔에 와 계시는 손님과의 통화를 원할 때 paging board에 찾는 사람의 성명을 정확히 기재하여 빠른 시간 내에 유무를 알려드리며 고객과의 만남을 원활히 해결해 주어 고객의 불편한 점을 대행해 주는 접객업무를 말한다.

complimentary room 요금

호텔의 필요에 의해서 특별히 접대고객이나 판촉목적 등의 경우에 적용하는 객실요금제이다. 행사유치자, 호텔시설 사용 세미나 기여자, 거래회사, 기타 여행사, 항공사 등의 거래 관계자 또는 호텔시설을 이용하기 위해 방문하는 자나 호텔의 필요에 의해 초청하는 자에게 적용되는 요금제도를 말한다.

house keeping

하우스키핑이란 일반적으로 가사, 가정, 가계를 뜻하는 말인데, 호텔의 'Housekeeping'이란 객실의 관리 및 객실부문에서 제공되는 서비스의 모든 것을 가리킨다. 일반적으로 객실정비의 업무를 보면 객실청소와 객실의 설비, 가구, 비품류의 정비 그리고 객실용의 린넨류, 소모품류의 관리를 말한다.

호텔사업

제 **7** 장

호 · 텔 · 경 · 영 · 론

1 객실관리

호텔에서 객실부문은 프론트오피스, 유니폼서비스 그리고 하우스키핑의 3 부문으로 크게 나눌 수 있다. 경영상으로 객실부는 객실영업 그리고 객실관리로 크게 나눌 수 있으며, 객실영업부문은 현관사무실, 유니폼서비스 그리고 객실관리과는 객실정비와 세탁실로 나눌 수 있다. 현관사무실의 주된 업무로는 reservation, 룸클럭(room clerk), 메일럭, 인포메이션 클럭, 나이트클럭, 전화교환원 그리고 비즈니스센터 이 업무를 관장하는 부서를 총괄한다.

유니폼서비스 부문은 door man, porter, bell man, elevator 맨 등으로 객실정비부서는 housekeeper, house man, room maid, linen 등으로 세탁실은 세탁물류, 세탁, 드라이클리닝 그리고 프레스 등으로 업무를 나눌 수 있다.

작금의 호텔객실 관리의 핵심내용은
① 객실의 고급화 및 차별화 경향
② 객실형태의 균일화 또는 대형화를 통한 표준화를 지향하는 경향
③ 공간의 효율적 활용 및 다용도 시설의 경향
④ 객실시설의 자동화 시스템을 통한 절전, 화재예방, 도난방지 등의 기능을 할 수 있는 시설사용 경향

⑤ 객실내에 고객이 필요로 한 다양한 필요한 amenity를 갖추는 경향이 있다.

1) 객실종류

호텔에서 객실의 종류는 크기에 따라 single bed room, double bed room, twin room 그리고 suite room 등으로 크게 나누어진다.

(1) 싱글베드 룸

룸 하나에 1인용 침대 1개를 통해 한 사람이 투숙할 수 있는 룸을 말한다. 욕실의 유무에 따라 목욕시설이 없는 방 또는 샤워시설만 있는 방 등으로 구분한다.

(2) 더블베드 룸

한방에 2인용 침대가 1개 있는 객실로써 2인이 투숙할 수 있는 객실을 말한다.

(3) 투인 베드 룸

한 룸에 침대 2개인 방으로 단체여행 동료 친구 등이 같이 사용하게 하는 객실이다.

(4) Suite룸

보통객실과는 달리 크고 침실, bath room, 거실 등이 따로 붙어 있는 방을 말한다.

(5) Studio bed room

낮과 밤에 용도를 변경시킬 수 있는 방으로 낮에는 응접용 소파로 사용하고 밤에는 침대로 사용할 수 있도록 꾸며진 객실이다.

(6) Triple bed room

3인이 사용할 수 있게 꾸며진 객실로 투인 베드 룸에 보조 베드를 넣어 설치한 방을 말한다.

(7) Single-doubel bed room

주로 가족 여행자들에게 사용되는 방으로 싱글베드와 더블베드가 같이 들어가게 꾸민 방으로 delux twin 또는 family twin 등으로 불리기도 한다.

(8) Duble-double bed

4인용 객실로 더블 침대 2개가 설치되어 있는 방을 말한다.

(9) Exsecutive room

비즈니스 전용을 목적으로 꾸며진 룸으로 팩스, 컴퓨터 등의 비즈니스 활동에 필요한 시설을 갖춘 룸이다.

이 밖에 객실이 어디에 위치했는가를 기초로 outside room, inside room, connecting room 그리고 adjoining room 등이 있다. 문자 그대로 outside room은 객실의 외부에 설치된 룸으로 외부의 전경을 볼 수 있고 inside room 건물의 내부에 위치하는 룸이다. 한편, connecting room은 나란히 위치하면서 객실과 객실의 통행을 할 수 있는 door를 설치함으로 쉽게 왕래가 가능하도록 설치한 룸이고, adjoining room은 서로 인접해 위치하면서 방과의 connecting room과는 달리 통로문이 없이 설치된 객실이다.

단체의 수하물을 임시 보관하거나 의상을 갈아 입는 등의 특수목적에 사용되는 hospitality room, 호텔직원들의 업무상의 숙소나 사무실 용도의 house use room이 있다.

2) 객실요금

(1) 공표요금

호텔이 객실요금을 책정하여 이를 담당 행정기관에 공식적인 신고절차를 마치고 일반에게 공시하는 객실요금이다.

(2) 특별요금

특별요금에는 무료로 하거나 할인 또는 객실을 홀드(hold)하거나 취소 등의 경우에 적용되는 특별요금을 일컫는다.

complimentary 요금은 호텔의 필요에 의해서 특별히 접대고객이나 판촉목적 등의 경우에 적용하는 객실요금제이다. 행사유치자, 호텔시설 사용 세미나 기여자, 거래회사, 기타 여행사, 항공사 등의 거래관계자 또는 호텔시설을 이용하기 위해 방문하는 자나 호텔의 필요에 의해 초청하는 자에게 적용되는 요금제도를 말한다.

discount 요금제도는 정상적인 시설에 보조적인 침대를 제공하거나 유아를 대상으로 요금을 할인하는 등의 정상요금에서 할인을 해주는 경우나 계절에 따라 정상요금을 할인해주는 경우, 비수기(off-season rate)나 때로는 경쟁대상을 의식해 요금을 할인하는 요금제도이다.

commercial rates는 특정 거래처와의 계약에 의해 일정 정상요금을 할인하는 요금제이며 방계회사 경우 등에 이 제도가 적용된다.

Group discount rates는 여행사나 기타 여행관련업체 등을 통한 단체고객이나 콘퍼런스나 모임, 기타 단체그룹의 단체에 적용되는 특별요금제이다.

Guide rates는 travel guide 등의 단체객을 인솔하거나 모객하는 경우에 적용되는 호텔룸 요금제로 일정 인원에 비례해 할인요금을 산정 할당한다.

이 밖에 예약고객이 그날 한 밤중에 도착하거나 다음날 새벽에 도착할 때 그 해당 고객을 위해 판매하지 못한 경우에 적용되는 요금제가 있고, 고객의 요청에 의해 고객의 소유물을 그대로 남겨두어 그 객실에 일반 손님에게 팔지 않고 hold-ing해서 발생한 hold room charge 혹은 예약 후 도착하지 않아서 보류된 room charge가 있다. 또 cancelation charge가 있는데, 이 요금제는 예약신청자가 개인의 사정에 의해 룸예약을 취소할 경우에 적용되는 요금제가 있고, 호텔이 정한 check out 시간을 넘겨 적용되는 over charge 등이 있다.

이 밖에도 객실요금이 정확히 정해지지 않았거나 결정권자가 부재 중이어서 요금을 확약해 줄 수 없는 경우에 적용되는 optional rates, 규정된 투숙객보다 많은 고객이 투숙할 때 생기는 third person rates, extra bed charge 가족이 동반한 경우 일정 연령의 어린이에게 extra bed를 제공해 주는 family plan 등이 있다.

3) 객실요금 징수방법

(1) European plan

이 요금제는 객실요금과 식사대를 분리하여 호텔요금을 계산하는 제도이다. 호텔은 원칙적으로 룸 요금만을 받고 식사는 임의로 고객에 따라 별도로 이용여부에 따라 부가하는 요금산정 방식이다.

(2) American Plan

European plan과는 구별되게 객실요금과 식사요금을 포함해서 산정하는 요금방식이다. 이 제도는 3식을 다 포함하는 full pension, 객실요금에 3식 중 일정식만을 포함하는 semi pension이 있다.

(3) Continental Plan

객실료에 아침식인 쥬스, 롤빵, 토스트, 버터나 잼 그리고 커피에다 홍차, 우유나 커피 등이 제공되는 continental breakfast를 포함하는 요금제도이다.

(4) Dual Plan

이 제도는 유럽식과 미국식을 혼합하여 적용하는 요금산정 방식의 제도이다.

4) 객실요금의 결정방식

(1) 직관적 결정

이는 판단이나 추리에 기초하기보다는 감각적으로 직관에 의해 객실요금을 결정한다. 예측에 의해 이익과 비용을 감각적 예측에 의해 창출점을 정한다.

(2) 경쟁가격 결정

호텔이 동일한 시장에서 동일 경쟁호텔상품의 가격을 기준으로 동일한 수준으로 가격을 정하는 방식이다.

(3) 시험적 가격 결정

최종 가격을 정하기 위해 시험기간을 정해 놓고 가격을 올리고 내림으로써 가장 적정점을 찾아 이를 가격으로 채택하는 방법이다.

(4) 선두호텔가격 결정

선두호텔에 의해 정해진 가격을 기준을 따라 가격을 정하는 방법이다.

(5) 심리적 가격

희소가치가 있거나 한정된 시설과 서비스에 대해 호텔에서 의식적으로 가격을 결정하는 방식이다.

(6) Horwath 방법

객실당 평균요금을 호텔건축 시 객실당 총건축비용의 천분의 1을 적정 객실료로 정하는 방식이다.

(7) Hubbart 방법

목표이익을 미리 설정하고 이 설정된 목표이익을 달성할 수 있는 객실매출원가, 기타 부문이익, 영업비 및 자본을 추적하여 평균 객실요금을 산정하는 방식이다. 즉 평균적 객실요금 선정이 호텔의 사업예산을 역산하여 산출하는 방식이다.

2 현관관리

현관은 그 기능이 호텔고객과의 관계를 하는 곳으로 호텔의 이미지를 표출하는 중심역할을 하는 곳이기도 하다. 현관을 통해 고객의 영접이 이뤄지며 호텔상품의 판매를 이루는 구심점이 되기도 한다.

1) 현관업무

① 객실예약, ② 객실판매, ③ 호텔의 제반 정보제공처, ④ 고객에게 제공하는 서비스 중심처 역할을 한다.

예약직원에 의해 예약접수, 선불 예약취급, 예약의 통제 및 조정, 초과예약의 조정, 취소, 변경, 연회장의 예약 및 관리를 하게 된다. 룸클럭(room clerk)은 체크인, 룸랙(room rack)의 관리, 객실변경 업무, 체크아웃 업무를 관장한다. 현관에서 업무를 관장하는 나이트 클럭(night clerk)이 있는데 객실열쇄 점검, 야간 고객 체크인, no show고객처리, 취소업무, 투숙자 객실지정업무, 모닝콜 접수처리 등을 한다. 한편, 키클럭(key clerk)은 열쇠, 인쇄물 인수 및 전달, 키의 보관 및 처리, 예비용 열쇠 준비, 고장 점검 확인을 하며 메일클럭(mail clerk)은 우편물의 접수 및 발송, 메시지 접수 및 이를 고객에게 전달하는 일을 한다.

현관에서의 벨맨(bell man)은 체크인 서비스, 룸 체인지, 체크아웃 업무, 단체객 투숙관련 업무를 비롯해 호텔정보업무를 관장한다. 도어맨은 고객의 도착 영접, 고객 휴대품 운반, 주차 및 배차유지 업무, 호텔정보 관광지 등의 관련 서비스를 하며 분실물, 출입문 관리 등의 업무를 한다. 포터(poter)는 도착고객의 짐의 손상 및 부족체크, 고객의 짐을 직송하는 업무를 엘리베이터 맨은 고객영접 및 안내, 출발과 도착 확인, 어린이, 노약자 보호 및 안전업무, 내부의 청소 및 고장 수리업무를 하게 된다. 이밖에도 현관에는 투숙객 회계를 담당한 프론트 캐셔, 환전, 요금수납 등의 업무를 한다. 또한 전화교환원, 비즈니스센터 등의 업무가 현관업무에 해당하는 업무이다.

2) 하우스키핑(Housekeeping)

호텔에서의 하우스키핑은 객실관리, 객실정비 그리고 객실부문에서 제공되는 일체의 서비스를 총칭한다. 호텔에서의 핵심영역인 객실의 관리는 호텔에서 여하히 객실을 관리 운영하느냐는 데서 발생한 비용의 절감을 가능하게 하고 핵심자산의 관리차원이고 호텔고객에게 제공되는 핵심상품의 관리로 볼 수 있다. 이의 내용에는 기계, 설비, 비품 그리고 집기 등의 호텔재산의 관리이며, 객실에서 제공될 수 있는 각종 유무형의 고객서비스 상품의 관리내용이 포함된다 할 수 있다.

하우스키핑은 객실관리 지배인을 위주로 객실관리 부지배인 그리고 산하에 린넨, 인스펙터(inspector) 그리고 하우스 맨(house man)을 관장하는 하우스키퍼와 룸메이드(room maids) 그리고 나이트 메이드(night maids) 등의 조직체계와 세탁지배인 산하에 laundry supervisor 산하에 드라이클리닝, washers, 그리고 델리버리맨(delivery man) 등으로 중심축을 이룬다.

3) 객실지배인

객실지배인의 관련부서의 인사, 원가, 자재 그리고 업무에 관리부문에 관한 관리와 책임을 진다. 따라서 객실지배인은 하우스키핑 전반의 통솔, 채용, 교육, 평가 및 능력 개발 등의 관리기술을 갖추어야 할 것이다. 그리고 호텔이 원래 연계된 업무의 공조가 필요한 만큼 타부서와의 업무공조, 협조 및 보조의 업무를 해야 할 것이다. 또한 원가관리 및 운영관리의 경영적 관리능력이 요구된다.

업무내용 : ① 호텔의 규모나 운영에 있어서 가장 적정 인원의 유지, ② 신입사원의 채용, ③ 교육훈련, ④ 후생 및 복지, ⑤ 업무계획의 할당 및 작성, ⑥ 관장부문의 적정예산의 수립, ⑦ 합리적 가격의 여부 확인, ⑧ 각종 기록 및 분석, ⑨ 적정 소요 물품의 계산 및 집행, ⑩ 재고조사, ⑪ 장비의 이용가능성 파악, ⑫ 장비수리에 관한 사항, ⑬ 장비주문, ⑭ 청결유지 관리 및 감독, ⑮ 열쇠의 취급, 관리 또는 감독, ⑯ 고객의 습득물 또는 분실물에 관련한 사항, ⑰ 화재에 관한 지도 및 감독 관리 교육

4) Linen clerk

개실에 필요한 린넨류와 비품 및 소요품을 수령하여 공급하는 업무를 관장한다. 주로 담당하는 업무는 객실에 필요한 린넨류를 공급하고, 비품 및 소모품의 인수, 공급 그리고 구매 및 출고를 의뢰하며, 소모품이나 비품 등의 사용에 관련한 통계를 비롯해 청소나 사무에 필요한 용품의 공급과 객실비품을 관리하는 업무를 수행한다. 따라서 위의 내용에 관한 각종 보고서를 작성하여야 함은 물론 재고조사업무도 하여야 한다.

3 객실관리 직원

객실관리원은 호텔투숙고객의 각종 주문에 관한 내용을 접수하고 이를 처리하며, 세탁물, 영선, 소모품 보급 및 객실에 필요한 각종 물품의 재고조사를 한다. 주된 업무로는 룸메이드 작업량 할당, 주문 및 접수, 작업의뢰서 작성전달, 분실물 파악 및 접수 그 밖에 관련 행정업무를 한다.

1) House men

하우스키퍼 산하에 룸메이드 보조자 역할을 하며 주된 업무로는 린넨류의 보급 및 린넨류 수거, 건물의 청소, 쓰레기 운반 및 각종 객실청소 장비를 관장한다

2) Room inspector

객실이 고객에게 완벽하게 제공되게 하는 업무를 하고 청소, 소모품 구비상태, 이상 유무를 점검한다. 객실에 비치할 각종 비품의 이상 유무 확인 및 점검업무를 담당하며, 객실 및 창문, 목욕실 등의 청결, 전기장치, 티브이를 비롯한 각종 전자제품 및 냉·온수, 침대, 배수를 비롯해 변기 및 복도의 청결상태를 점검 파악한다.

3) Room Maid

Room maid는 룸인스펙터의 지시에 따라 객실청소, 분실물 및 습득물 보고, 객실사용 현황 파악 및 보고, 객실물품의 고장 및 비품의 정상작동 유무 확인 및 보고, 린넨, 룸의 청소업무를 담당한다.

4) 식음료 관리

원래 호텔의 핵심 기능은 숙박과 식음료를 제공하는 것이 중요한 기능으로 볼 수 있다. 그런데 식음료를 제공하는 식당은 경영상에서 일반제품의 그것과는 상이한 특성을 가지고 있어 경영상의 특성으로 요약된다.

(1) 인적서비스의 의존도

호텔업의 본래의 특성이 Labor intensive industry라고 지적한 것처럼 식당에서는 주된 상품의 준비나 제공이 인적자원에 의해서만 가능하다. 인적 자원이 많이 필요하다는 점에서 첫째는 인건비의 증가에 의한 경영상의 부담으로 작용할 뿐만 아니라 이를 관리하는 데 어려움이 있음을 알 수 있다. 사람관리는 기계화에 의해 생기는 문제점에서 관리상의 어려움이 큰 문제로 된다.

(2) 수요예측

음식이나 기타 음료는 사용상에 일반제품의 그것과는 다른 특성을 갖는다. 일정한 시간이 지나면 부패하기 쉽고 이의 보관도 문제일 뿐만 아니라 보관된 음식의 질이 떨어지고 맛이 다름에서 문제점이 있다. 그렇기 때문에 수요만큼 공급이 필요하나 얼마만큼의 수요가 발생하는지 가늠하기가 쉽지 않아서 경영상의 어려움으로 된다.

(3) 생산과 판매의 동시성

식당은 고객의 요구에 따른 준비로 식음료를 준비 판매한다. 그렇기 때문에 고객이 요구하는 시점 중심으로 생산이 되며 이의 판매가 이뤄진다는 점에 식당경영의 특성이 있다.

(4) 장소적 제약

호텔은 일정한 곳에 위치하고 고객이 찾아와 이를 이용하는 방식이다. 만약 장소적으로 고객이 쉽게 접근하기 어렵다고 해도 쉬운 곳으로 옮길 수 없는 점이다. 일반적으로 장소의 이용을 통해서 판매행위를 할 수 있는 제품들과 구별되는 상품이다.

(5) 판매시간의 한정

인간은 기본적으로 하루 세 번의 식사를 하며 이들 식사는 일정한 시간대에 하게 된다. 따라서 많은 고객이 한꺼번에 동일시간대에 몰려오는 경향이고 식사시간이 끝나면 한가하게 된다. 이는 종업원의 업무 로드가 일시에 집중되어 관리상의 문제점을 내포하고 있을 뿐만 아니라 효과적으로 노동력을 사용하는 기술이 요구되는 업종으로 볼 수 있다.

(6) 부패성

식자재는 시간이 지나면 부패하기 때문에 사용하기 어렵다. 냉장고 등의 시설에 보관할 수 있다 하더라도 보관에 한계가 있고 신선한 음식을 제공하기 어렵다. 따라서 정확한 수요에 따른 식자재의 구입과 판매가 동시에 이뤄져야 하나 수요의 예상이 쉽지 않은 점이 어려움으로 남는다.

(7) 서비스

식당은 많다. 호텔식은 비교적 일반 다른 시설에서보다 비싸다. 이러한 점에서 호텔식당은 호텔식당 만이 가질 수 있는 고급성이나 분위기 기타 음식의 맛 등의 특이성이 중요하다. 특히 서비스의 차별화는 중요한 사항 중의 하나라고 할 수 있다. 음식 이외의 여러 관련 분위기나 서비스 청결 그리고 고급성 또는 종업원의 서비스 내용 등이 중요할 것으로 생각된다.

4 호텔의 식당지배인

호텔식당에서 지원과 서비스 등을 관리하고 메뉴의 결정과 가격결정, 연회유치 및 각종 파티관리 업무를 하며 예산편성, 교육, 메뉴작성, 판촉을 비롯해 식당직원에 대한 업무지시 및 감독을 주로 한다.

헤드웨이터 : 헤드웨이터는 식당지배인을 보좌하며 예약확인 및 업장준비, 고객 안내, 주문을 비롯해 고객 불평처리, 각종 집기관리를 하며 웨이터들의 업무지시 및 감독을 한다.

5 호텔식당메뉴

메뉴관리에 중요한 관점은 품목에 대한 매출 또는 매출수량을 비롯해 품목의 공급여건 가격 및 공급루트 등을 고려해야 한다. 매출 잠재력이나 상품화 가능성 및 다양화, 호텔식당의 조리역량 및 기술여건 매출 증대에 걸맞은 판매가격 등을 고려해야 한다.

그림 음료의 분류

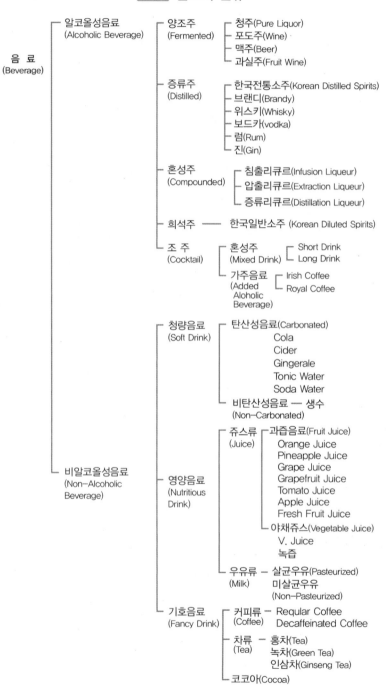

자료 : 유철성, 호텔식음료경영과 실무, pp. 255-256.

6 음료 및 술

우리가 흔히 음료라 하면 알코올성과 비알코올성을 통틀어 포함한다. 술은 양조주, 증류주 그리고 혼성주로 나눈다. 양조주는 곡류나 과실 등의 당분을 원료로 하여 호모균에 의해 발효시켜 얻어내는 포도주 혹은 사과주 등이 있고, 전분을 원료로 하여 당과 발효를 통해 만든 술로 맥주나 청주가 여기에 속한다. 한편, 증류주는 곡류와 과실 등을 원료로 양조한 양조주를 증류기 방식에 의하여 증류한 술이며 강한 알코올 성분이 특징이다. 혼성주는 과일이나 곡류를 발효시킨 주정을 기초로 하여 증류한 스피리치(spirits)에 정제한 설탕으로 감미를 더하고 과실이나 약초류, 향료 등 초근, 목피에서 나온 향미를 붙인 혼성주를 말한다.

◢ 표 │ 증류주의 종류

주명	주원료	주정도수
Brandy	포도주(Wine)	49
Whisky	맥아	48–50
Rum	사탕수수정	50
Vodka	귀리, 호밀	40–50
Gin	맥아, Juniper Berry	47

◢ 표 │ 브랜디 등급과 성숙연수

표시	숙성기간
*	2–5년
**	5–6년
***	7–10년
*****	10년 이상
V.O	12–15년
V.S.O	15–25년

V.S.O.P	26-30년
Napoleon	30-40년
X.O	50년 이상
Extra	70년 이상

*V=very, S=superior, O=old, P=pale, X=extra

7 식음료원가관리

식음료원가관리는 원가절감, 예산편성을 위한 기초자료로 하기 위한 데 있고 또한 상품의 가격결정을 위한 기초자료를 제공하는데 목적이 있다. 또한 재무제표를 작성하는 경우 재고품 원가 산출 자료를 제공할 수 있는 데 목적이 있다. 어려운 일이긴 하지만 식음료 원가관리의 핵심은 고객이 원하는 메뉴의 종류를 정확히 파악하고 최적의 식자재를 구입하고 불필요한 낭비를 막아 손실을 막는 데 있다.

원가는 직접비인 원가요소만으로 구성된 직접원가, 직접원가에다 제조간접비를 할당한 것으로 공공기업의 내부활동에 의하여 제기된 모든 원가요소인 제조원가 그리고 제조원가에다 판매비와 일반관리비를 할당하여 계산된 총원가로 나눌 수 있다.

표준원가 관리제도는 표준조리법에 의한 재료비를 선정하여 표준원가를 계산하고 이것을 목표로 실제원가와 비교함으로써 원가를 계산하는 방법인데, 표준 1인분, 표준양 목표, 표준구매명세서 그리고 표준산출량이 표준을 기초로 한다.

8 호텔사업계획

호텔사업의 계획은 상품, 시장, 잠재고객, 경쟁분석 그리고 고객선호 분석의 틀에서 이뤄진다. 마케팅적인 관점에서 보면 ① 가격, ② 패키징(packaging), ③ 라벨, ④ 서비스의 질, ⑤ 호텔외관, ⑥ 크기, ⑦ 색채, ⑧ 유통방법, ⑨ 판매방법, ⑩ 광고, ⑪ 판매촉진, ⑫ 홍보, ⑬ 규제 등이 중요한 변수로 된다.

호텔경영의 효과는 단순한 몇가지의 요인에 국한해 좌우되는 것이 아니고, 이처럼 다양한 변수들에 영향을 받는다는 점에서 이들의 복합적이고 종합적인 관리를 통한 경영이 수행될 때 호텔이 지향하는 목표를 달성할 수 있다고 생각된다.

1) 계획

호텔경영에는 호텔이 지향하는 목표를 기초로 한 계획이 설계되고 미래의 예견된 예측을 전재로 변화에 적응하는 시스템적 구조를 갖는다. 이러한 내용은 예측을 전재로 적응상황을 결정하고 환경변화에 따를 기회에 지속대응하고 목표를 세우고 전략 및 전술을 세워서 변화에 능동적으로 대처하는 전략이 필요하다. 예견되는 환경변화에 대응하고 이에 대응할 과학적인 방법을 찾는 것이다. 호텔기업이 통제불능의 변수와 통제가능한 변수를 통해 영향을 받기 때문에 이들 통제불능의 변수에는 순응의 원리로, 통제가능변수의 경우는 적극적이고 능동적인 전략의 필요성이 요구된다.

2) 호텔사업의 목표

경영의 핵심 이슈는 어떤 목표를 결정하고 이를 수행하는 데 초점을 맞추어야할 것이다. 이러한 목표를 제시하고 수행원칙을 정함으로 전사적으로 이 목표를 달성하는 역량이 결집됨으로 그 효과를 기대 할 수 있다. 이 중심 목표에 부합하는 세부목표가 정해짐으로 회사의 전 구성원이 수행해야 할 목표가 정해지게 되고, 이는 각 구성원의 목표를 제시하는 것으로 된다. 따라서 기업은 경영적 전략과 전술을 수행하는 기본 역량을 키워야 할 것이다. 전략과 전술은 시간적 개념의 차이이고 전술은 전략을 실행하는 계획이나 방법이라면 전략은 목표를 달성하여 원하는 목적에 도달하기 위한 방법이라고 할 수 있다. 전략은 장기적인 틀에서 수행되지만 전술은 수시로 변화되고 수정될 수 있다.

3) 호텔사업의 타당성 분석

호텔설립에 있어서 중요하게 고려되어야 하는 사항은 부지, 시장, 객실공급. 노동공급상황, 객실수요, 시설, 재무예측 등이다. 부지문제는 호텔설립에 있어서 다른 어느 것보다도 중요하다 할 것이다. 이는 호텔설립에 있어서 부지는 지역환경, 도시개발 그리고 부지의 크기 등이 고려되어야 한다. 호텔이 갖추어야 하는 공익공간 즉 주차장 또는 도시개발의 조건 즉 고도제한이나 기타 사용부지 등의 문제가 있기 때문이다. 호텔부지는 지역과의 환경적 특색과도 연결된다. 경관이나 뷰(view) 그리고 자연훼손 등의 문제가 있기 때문이다. 휴양지 호텔의 경우 해변, 레크리에이션 공간, 수영장시설 등을 통한 오염원 기타 환경관련 문제가 중요하다. 부지는 주변의 관계시설인 물, 전기 등의 공급원도 중요하다. 이들의 문제가 구비되지 못한 부지는 모든 비용의 원인이 되어 호텔설립의 부담이 되기 때문이다.

시장은 부지에 기초해 유인될 수 있는 수요의 창출과의 관계에 있다. 호텔의 핵심은 수요에 있고 부지의 여건은 이들 수요를 창출하고 수요와의 접근성의 문제이다. 즉 공항과의 접근성, 쇼핑가능권, 골프 등의 레크리에이션 가능 여부 등은 수요에 영향을 미치는 요인들이다. 이들은 편의성이나 편리성 차원의 내용이 중요하고 지리적 접근성 등의 내용이다. 이로써 시장개념적 의미에서 호텔이 수요를 창출하고 유인되게 하는 점은 중요하다고 할 수 있다.

현실성 있고 소비자의 요구에 부응하는 객실공급이 중요하다. 사회적 · 경제적 관점에서 소비자의 구매욕구에 부응하는 호텔이 관심대상이 될 것이다. 문화적 차이에 의한 선호의 차이, 경제수준에 따를 수요의 차이, 연령별 계층 간의 차이 등을 중심으로 한 시장세분화의 필요성이 요구된다.

호텔에 있어서 가장 중요한 것 중의 하나는 적절한 종사원 공급에 있다. 이들 적정인원을 적시에 공급받는 것이 중요하다. 잘 교육된 노동력을 공급받을 수 있는 도시호텔에 비해 전원호텔이나 리조트호텔처럼 변두리나 외각 지역의 호텔은 적정한 노동력 공급이 어려울 수도 있다. 공급원이 충분하더라도 임금수준의 차이, 복리후생 등 직접적으로 종업원에 영향을 미칠 수 있는 요인에 의해 영향을 받을 수 있다. 따라서 이에 대한 대비가 필요하다고 생각된다.

객실수의 예측은 유효수요, 잠재수요, 유예수효 등에 기초해 평가되고 계획이 수립되어야 한다. 미래수요를 예측하고 잠재수요를 통한 분석·예측 및 측정의 필요성이 요구된다. 호텔시설은 호텔고객의 수용에 영향을 미치는 요인이다. 고객은 자기들이 원하는 시설을 구비한 호텔을 선호할 것이기 때문이다. 수영장, 테니스, 골프장 기타 나이트클럽, 카지노 등의 존재 여부는 소비수요에 영향을 비칠 수 있는 요인들이다.

4) 비용요소

호텔건립에 있어서 비용발생요인은 토지, 건물, 건축기간 중 이자, 가구, 부착물, 설비영업설비, 재고자산, 개관 전 경비와 운전자금 등이다. 호텔건립의 핵심을 이루는 것은 토지와 건물이다. 이들은 어느 지역인지의 여부에 따라 큰 차를 보일 수 있다. 이들이 건립이 대여된 자금으로 이뤄질 경우 대여에 지급되어야 할 이자 또한 비용의 일부이다. 가구설비 등의 비용은 객실, 로비, 레스토랑, 바 등이 있고 세탁설비 및 주방설비 등이 있다. 기타 에어컨, 히터 등의 건물설비는 건축비용부문으로 간주된다. 이외에 영업설비는 린넨, 은기류, 자기류, 유리그릇 그리고 유니폼 등이 있다. 또한 재고자산으로서 음료, 음식, 청소용품, 종이용품, 고객용품, 문구류 또는 기계용품 등의 재고자산 등이 있다. 또한 개관전 비용 그리고 운전자금 등이 필요하다.

그림 호텔사업계획 추진 단계도

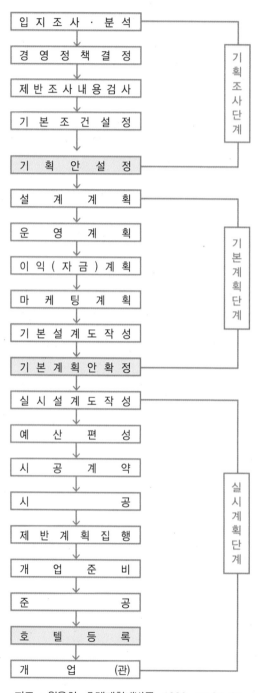

자료 : 원융희, 호텔계획개발론, 1990, pp.64-65.

핵 심용어

refreshment stand

간편한 간이음식을 만들어 진열장에 미리 진열해 놓고 바쁜 고객들로 하여금 즉석에서 구매해 먹을 수 있도록 한 식당을 말한다.

grill

일품요리(à la carte)를 주로 제공하며, 수익을 증진시키고 고객의 기호와 편의를 도모하기 위해 그날의 특별요리를 제공하기도 한다.

dining room

주로 정식을 제공하는 호텔의 주식당으로 이용하는 시간을 정하여 조식을 제외한 점심과 저녁식사를 제공한다.

cafeteria

음식물이 진열되어 있는 테이블에서 음식을 고른 다음 요금을 지급하고 손님자신이 직접 날라다 먹는 셀프서비스식의 식당

lunch counter

식탁 대신 조리과정을 직접 볼 수 있는 카운터 테이블에 앉아 조리사에게 직접 주문하여 식사를 제공받는 식당

dining car

기차를 이용하는 여행객들을 위하여 식당차를 여객차와 연결하여 그 곳에서 음식을 판매하는 식당

à la carte(일품요리)

고객의 주문에 의하여 조리사에 의해 만들어진 요리가 품목별로 가격이 정해져 제공되는 요리

chef de rang system

식당에는 식당의 총책임자인 지배인이 있고 다음 직책인 접객책임자인 헤드웨이터를 중심으로 웨이터 2-3명의 근무조로 편성되어 지정된 구역을 맡아 서브하는 제도

station waiter system

헤드웨이터를 두고 그 밑에 한명씩 정해진 웨이터가 근무하면서 직접 손님에게 식음을 주문받아 서비스를 하는 것

table d'hôte menu

미각, 영양, 분량의 균형을 참작한 한끼분의 식사로 요금도 한끼별로 표시되어 있어 고객의 선택이 용이하도록 되어 있는 것

hors d'oeuvre

식사 전에 제공되는 식욕촉진의 역할을 하는 모든 요리의 총칭

증류주

양조주보다 순도 높은 주정을 얻기 위해 1차 발효된 양조주를 다시 증류시켜 알코올 도수를 높인 술이다. 증류는 알코올과 물의 끓는 점의 차이를 이용하여 고농도 알코올을 얻어내는 과정으로 양조주를 서서히 가열하면 끓는 점이 낮은 알코올이 먼저 증발하는데, 이 증발하는 기체를 모아서 냉각시키면 다시 고농도의 알코올 액체를 얻어낼 수 있다. 위스키(Whisky), 브랜디(Brandy), 진(Gin), 럼(Rum), 보드카(Vodka), 테킬라(Tequila), 아콰비트(Aquavit) 등이 있다.

amenity

어메니티(Amenity)의 어원은 '쾌적한' '기쁜' 감정을 표현하는 라틴어 아모에니타스(amoenitas) 또는 '사랑하다'라는 의미를 가지는 'amare'에서 유래되었다. 사전적으로 Amenity는 기분에 맞음, 쾌적함, 즐거움, 예의 등 다양한 뜻을 가지고 있는데, 도시나 주거환경면에서 Amenity는 '쾌적한 환경' '매력있는 환경' 또는 '보통사람이 기분 좋다고 느끼는 환경, 상태, 행위'를 포괄하는 의미로, 종합적인 새로운 개념의 환경을 뜻한다.

labor intensive industry

생산에 투입되는 생산요소 중에서 노동의 투입비율이 다른 생산요소에 비해 높은 산업을 말하며 무형의 서비스 급부(給付)를 생산하는 금융업 · 유통업 · 호텔업 등의 서비스산업은 본래 노동집약형 산업이지만, 셀프서비스 방식을 채택한 슈퍼마켓 등은 유통업의 노동집약성에서의 탈피를 시도한 것이다. 유형재(有形財)의 생산에 종사하는 제조업 중 완구제조 · 잡화공업 등은 전형적인 노동집약형 산업을 형성하고 있다. 노동집약형 산업은 노동장비율(유형고정재산÷종업원수)이 낮으므로 1인당 부가가치가 낮다. 따라서 임금수준이 낮은 개발도상국에서 많이 이루어지고 있다.

호텔마케팅

　마케팅은 기업경영의 핵심적 요소이다. 기업의 생산은 판매를 통해 기업의 이익을 획득하고 판매를 위한 제반 노력과 투자는 마케팅의 산물이다. 과거의 호텔이 존재만으로 판매가 가능했던 시대에는 마케팅의 개념이 없었다. 수요가 공급을 앞지르는 시대의 개념은 생산 그 자체가 판매로 이어졌지만, 현대와 같이 공급이 수요를 리드하는 시대에는 고객의 선택에 의해 상품이 팔리고 자사의 상품이 고객의 선택대상이 되기 위한 많은 노력이 필요하다. 소비자가 상품을 선정할 때 다양한 살 가치를 여러 방면에서 평가하기 때문에 상품의 가치는 무궁무진하고 다양한 데서 찾게 된다. 때로는 값이 싸서, 때로는 상품이 질이 좋아서, 그리고 때로는 편리해서 등의 다양한 평가기준에 의해 상품의 판매가 형성된다. 이와 같은 상황은 오늘날 total marketing을 강조하고 있는 것이다.

　판매를 위해서는 판매를 위한 다양한 방면의 노력이 필요하다. 이를테면 상품이 고객의 취향에 맞아 고객이 원하는 내용이 되어야 한다. 그러나 아무리 고객이 원하는 상품일지라도 가격이 소비자 입장에서 너무 비싸면 그 상품은 팔리지 않는다. 또 아무리 상품이 좋더라도 고객이 이를 인지하지 못하면 이 상품은 팔리지 않는다. 이처럼 상품이 팔리기 위해서는 고객이 좋아하고 또 적정한 가격에 그 상품이 좋다는 내용을 알게 할 필요가 있다. 이로써 상품을 만들 때 질을 중시하고 값을 산정할 때 합리적이어야 할 뿐만 아니라 소비자가 상품의 내용을 충분히 인지하게 하는 제반 노력이 필요하다 이로써 오늘날의 마케팅은 이들의 내용을 총괄하여 관리하는 total system으로 되어야 할 것이다.

흔히 마케팅을 상품을 판매(sales technique)에 한정해서 단순히 생각하는 것은 마케팅 개념을 제대로 이해하지 못한 때문이다. 즉 마케팅은 판매를 위한 모든 유리한 여건을 확충하는 내용으로 management process인 것이다. 구체적으로 판매는 파는 것이 목적이라면 마케팅은 소비자 만족을 판매가 소비자를 파는 대상으로 본다면 마케팅에서는 만족시켜주는 대상으로 이해된다.

호텔에서의 마케팅의 핵심은 서비스에 많은 비중이 주어져 있다. 그럼으로 마케팅활동의 시작은 호텔의 사명이나 목표를 명확히 해서 종업원이 이를 인지한 데서 출발한다. 이로써 기업은 기업내용이 무엇이고 고객에게 가치는 무엇이고 그 기업이 지향하는 목표는 무엇인지를 분명히 해서 이를 종업원이 감지하고 실천하는 데서 출발한다고 할 수 있다. 이때 목표는 명확하고 현실적이어서 종업원이 쉽게 이해할 수 있어 이를 실천할 수 있도록 해야 할 것이다.

1 호텔 마케팅 전략

마케팅에서 핵심적인 3가지 기본전략은 segmentation, targeting, 그리고 positioning이다. 시장이 특정지역의 범위가 넓고 무궁한데서 각 나라, 지역, 그리고 특정한 곳의 상황이 다르다는 이야기이다. 잘사는 나라가 있고 못사는 나라가 있는가 하면, 소비위주의 지역이 있는가 하면 그렇지 않는 지역도 있다. 이를 구분지어 마케팅활동을 전개해야 된다는 이야기이다. 이로써 각 구분지어질 수 있는 내용을 중심으로 동질성을 갖는 그룹의 특징을 파악 정의하는 것이 segmentation이다. 이는 젊은이와 아이의 성향이 다르고, 부자와 가난한 삶이 다르며, 국가적·지역적 외부요인이 다를 것이라는 이야기다. 또한 소비자라 할지라도 이들이 동일한 입장이 아니라는 점이다. 제품에 대한 상식이 있는 사람도 있고 전혀 없는 삶도 있을 뿐만 아니라 소비를 미덕으로 생각하는 사람도 있고 그렇지 않는 사람도 있다는 이야기이며, 가족관계 여건이 어떠느냐의 여부에 따라 구매행동이 달리 된다는 이야기다.

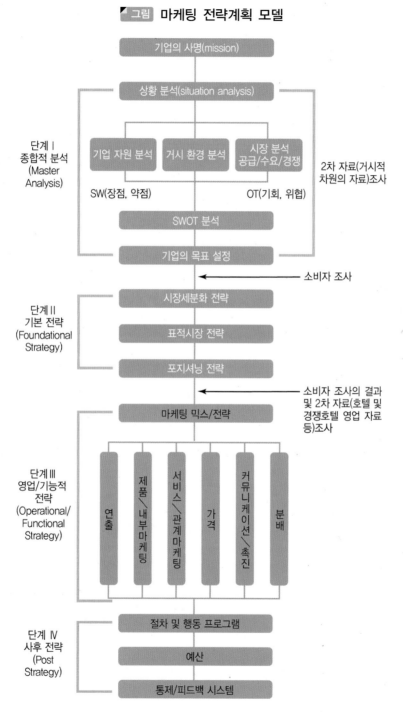

그림 마케팅 전략계획 모델

기업의 사명(mission)

상황 분석(situation analysis)

단계 I 종합적 분석 (Master Analysis)

기업 자원 분석 | 거시 환경 분석 | 시장 분석 공급/수요/경쟁

2차 자료(거시적 차원의 자료)조사

SW(장점, 약점)   OT(기회, 위협)

SWOT 분석

기업의 목표 설정

← 소비자 조사

단계 II 기본 전략 (Foundational Strategy)

시장세분화 전략

표적시장 전략

포지셔닝 전략

← 소비자 조사의 결과 및 2차 자료(호텔 및 경쟁호텔 영업 자료 등)조사

마케팅 믹스/전략

단계 III 영업/기능적 전략 (Operational/ Functional Strategy)

연출 | 제품/내부마케팅 | 서비스/관계마케팅 | 가격 | 커뮤니케이션/촉진 | 분배

단계 IV 사후 전략 (Post Strategy)

절차 및 행동 프로그램

예산

통제/피드백 시스템

자료 : 신우성, 호텔관광마케팅, 기문사, 2006, p.48.

이로써 마케팅전략 수립의 관점은 고객에 대한 분석, 경쟁에 대한 분석 및 일반 환경 등의 외부 여건에 대한 분석이 이뤄져야 하고 과거의 실적, 현재의 전략, 원가분석 그리고 가용자산의 파악과 같은 내부환경의 분석의 틀에서 시작되어야 한다. 이들 여건은 목표, 표적시장, 경쟁전략 그리고 마케팅믹스와 연계해서 분석 검토되어야 하고 조직과 시스템을 구축함으로써 성과를 지향하게 된다.

1) Segmentation

세분화의 기준은 지역이나 인구밀도, 도시크기 그리고 기후 등과 같은 지리적 변수가 있고, 나이, 성별, 가족관계, 소득수준, 종교, 직업 등과 같은 인구 통계적 변수가 있다. 또한 사회계층, 생활양식, 가치관 그리고 개성과 같은 심리분석적 변수가 있으며, 추구편익, 이용빈도수, 로열티, 가격민감도, 그리고 호텔 이용횟수 등의 행동적 변수기 있을 수 있다. 이는 segmentation을 위에 언급한 내용에 따라 구분지어 명확히 하고 그 기초하에 마케팅전략을 세워야 한다는 이야기이다. 이는 소비자가 처해 있는 상황이 위에 언급한 변수에 의해 다르고 이는 구매과정에 절대적으로 작용한다는 이야기이다. 이로써 세분화란 시장에서 많은 수요군중에 유사한 특성의 군집된 유사군을 찾아냄으로써 그 상황에 따른 마케팅 노력을 하여야 함을 의미한다.

2) Targeting

시장은 넓고 넓은 시장에 어떤 제품을 생산해 판매하여야 소비자에게 관심대상이 될 수 있는냐는 점에서 segmentation에서 구체화된 소비집단에 필요한 또 그들에게 가장 적절하고 맞춤형의 상품을 만들거나 제공하는 것을 말한다. 세상은 넓고 국가는 많은데 동일한 제품을 만들어 이것이 모든 소비자가 원하는 상품이란 논리는 맞지 않기 때문에 이처럼 특정 군을 중심으로 회사의 내부 역량을 감안하고 선정된 target을 집중적으로 노력한다는 논리이다.

타케팅의 방법은 비차별화, 차별화 그리고 집중의 형식을 취할 수 있다. 비 차별화는 세분화의 차이를 무시하고 차이점보다는 공통점에 초점을 맞추어 마케팅하는 방법이다. 이 방법은 현대처럼 사람의 다양성을 무시한 점에서 다소 논리성을 잃은 면이 있으나, 세분화를 통한 제반 비용 등을 절감하는 효과는 있을 수 있다. 차별화는 세분의 특징을 인지하고 세분시장별로 각기 다른 마케팅전략을 펴는 내용으로 제품생산비, 관리비나 재고비 그리고 광고비 등의 부담을 가중시킬 수 있다. 집중식은 소수의 세분시장에 집중하는 방식으로 유통, 생산 그리고 광고비 등을 줄일 수 있는 점이 특징이다. 이 방법은 극소수의 시장에 한정해 있기 때문에 시장의 판도가 바뀌면 시장에서 위치를 잃을 수 있다는 위험요인을 안고 있다.

3) Positioning

포지셔닝은 고객에게 자사의 상품을 어떻게 인지하게 하느냐는 점이다. 따라서 경쟁제품과의 관계에서 자사 상품의 고객 인지도를 확충하는 내용이 중요할 것이다. 이 방법은 시장에서 자사 제품이 타사 제품과의 관계에서 어떠한 위치를 점하는지를 파악하여야 한다. 파악된 내용을 중심으로 긍정적 포지션을 위해 디자인의 개선, 가격의 적정선 찾기, 유통방법의 유리함이나 지적된 내용에서 효과적인 촉진책 등을 찾는 것이다.

2 호텔 마케팅믹스

마케팅믹스란 기업이 마케팅을 효과적으로 수행하는데 필수적인 요소이다. 실제로 마케팅믹스는 통제가 가능한 변수로 되는 요소로 제품을 어떻게 만드느냐, 가격을 어느 정도로 하느냐, 어떠한 유통경로를 통해 상품이 소비자에게 효과적으로 전달되느냐, 그리고 어떤 수단을 통해 호텔의 상품의 우수성을 고객에게 알리느냐는 내용이다. 이들 언급한 내용들인 호텔 자체적으로 통제가 가능한데서 통제가능변수라 칭한다. 그러나 사회, 경제, 정치, 문화 등의 서로 다른 여건은 통제가 불가능함으로 통제 불가능변수로 칭하고 있다. 통제가능 대상의 믹스의 내용은 우리가 흔히 말하는 4p, 6p 그리고 8p 등의 내용으로 이야기되고 있다. 이들 p들의 많고 적음은 그만큼 일반제조상품보다 세심한 구체적 고려를 해야 한다는 이야기로, 다시 말해서 제조상품의 믹스보다 더 다양한 면에 노력이 요구된다고 해석할 수 있다.

◢ 표 마케팅믹스 요소들의 하위 활동

마케팅믹스 요소	하위 활동
제 품	품질 포장 특성 크기 자유선택부품 서비스 디자인 보증상표 반품
가 격	정가지급기간 할인 공제 외상조건
장 소	경로 재고 도달범위 운송 입지
촉 진	광고 인적판매 판매촉진 홍보

자료 : P. Kotler, Marketing Management, 7th ed. 1991, p.68.

1) 제품믹스(product mix)

제품이란 소비자의 요구에 부응할 때 그 존재가치가 인정된다. 고객은 그들에게 편익을 주는 것을 선택한다. 편익이란 물리적 또는 화학적 속성처럼 상품 그 자체에 한정한 것이라기보다는 보다 포괄적인 내용을 포함하고 있다. 제품이 이러한 편익을 위하여 신제품 개발, 개량, 제품라인의 다양화 등을 통해 소비자의 요구를 질적 또는 양적으로 발전시키는 것이다. 더욱 중요한 내용은 호텔에서의 일반 제조산업의 상품과는 다른 특성을 갖는 점이다. 호텔상품이 주요 상품으로 비가시적인 상품으로 구성되어 있다는 점이다. 이는 일반 유형상품에 비해 복잡하고 애매한 특성을 갖는 데서 차이가 있다. 호텔상품의 개념은 감정의 소구에 있다. 고객이 만족한 상품은 훌륭한 상품일진데 이는 고객의 기호나 선호 기타 고객의 감정에 의해 판단된다는 점이다. 이러한 점에서 호텔상품은 고객의 편익을 이해할 필요가 있고, 물리적 상품의 내용보다는 충족, 만족, 그리고 효율 등의 다양한 내용이 포함되어야 할 것이다.

2) 가격믹스(price mix)

우리가 흔히 구매자가 판매자에게 지급하는 상품이나 서비스의 대가를 상품이라 하는데 소비자에게 값의 개념은 가치값(value price), 기댓값(expectation price)과 같은 실제적 값의 한계를 넘는 내용을 포함한데 어려움이 있다. 이는 단순히 값이 싸다고 모든 소비자가 선호한 것이 아니라는 점이다. 값이 비싸더라도 소비자의 관점에서 가치있는 것이라면 즉 reasonable price라면 선택의 대상이 된다는 이야기이다. 따라서 고객이 서비스에 두는 가치를 인지해야 한다.

3) 유통믹스(distribution mix)

유통이란 제품이 만들어져 소비자에게 전달되는 과정을 말한다. 일반 제조상품은 중간상을 통해 상품이 간접경로를 거쳐서 전달되고 또 그것의 관리가 요구된다. 이런 점에서 호텔이란 상품은 이러한 일반 제조상품의 유통경로와는 다른특성을 갖는다는 점이다. 일반제조 상품은 이동을 통해 전달이 가능하지만 호텔상품은 고정된 지역에서 발생하는 특성으로 도시인지 산악인지 해안에 위치한호텔인지 등의 차이가 있다. 이는 일반 제조상품의 유통과는 다른 차원에서 고객과의 접촉이 이뤄진다는 점이다. 이러한 경향은 호텔의 체인화나 프랜차이즈 등의 필요성을 갖게 한다. 체인화를 통해 널리 알려진 동일 상표나 표상을 이용하고, 신규 지점이나 유통망을 확충하기도 한다.

4) 촉진믹스(promotion mix)

아무리 훌륭한 제품이나 호텔이라도 소비자가 이를 알지 못하면 효과가 없다.따라서 호텔은 의도적으로 자 호텔의 우수성이나 특성을 고객에게 적극적으로알리고 인지시키는 노력이 요구된다. 다시 말해서 소비자에게 구매욕구를 자극하는 정보를 제공함으로 이미지 형성을 통해 구매욕구를 유발하여 이를 구매행동으로 이어지게 하는 것이다. 이는 일반제품의 유형재와는 다른 특성이 있기 때문에 이에 대한 고려가 요구된다.

주로 촉진은 목표고객을 선정하고 그들의 소구점을 찾고 촉진목표를 선정하고전달메시지를 작성하고 그 전달매체를 선정하는 절차가 필요하다. 이러한 노력은 호텔 내외부의 여러 여건이 고려된 상태에서 수행되어야 할 것이다. 비용정도에 따라 촉진매체의 효과가 다르고 기업 내부 여건에 따라 적정한 촉진매체가 선정되어야 할 것이기 때문이다.

촉진은 어떤 서비스를 어느 세분시장에, 어떤 서비스의 가치를 촉진할 것인가가 중요하다. 특히 이런 경우에 촉진 시점의 중요성이 있다.

표 마케팅믹스의 틀

McCarthy	4p: 1.Product 2.Promotion 3.Place 4.Price
C.Dewit Coffman	6p: 1.Product 2.Price 3.Process of Delivery 4.Promotion(Adversitising) 5.Place 6.Personal Selling
B.H.Booms & M.J. Bitner	7p: 1.Product 2.Place 3.Price 4.Promotion 5.Participant 6.Physical Evidence 7.Process
A.M. Morrison	8p: 1.Product 2.Place 3.Price 4.Promotion 5.Packaging 6.Programming 7.Partnership 8.Person

자료 : 호텔경영론, 고석면, 기문사, 2009, p. 309.

3 호텔 마케팅환경

마케팅목표를 수행하는 데는 마케팅을 하기 위한 주변 환경이 중요하다. 이는 호텔 자체적으로 컨트롤이 가능한 요소가 있는가 하면, 호텔 자체적으로 수행이 불가능하여 이의 환경을 호텔이 수용해야 하는 요소가 있다. 이를테면 호텔에서 만드는 제품, 그리고 그 제품을 유통하는 방법과 수단 등을 비롯해 얼마의 값을 정할 것인가와 그리고 어떤 방법으로 제품을 프로모션할 것인가는 호텔이 원하는 데로 자유자재로 방법과 수단을 강구할 수 있고 또 변경할 수도 있다. 이와 같은 요소를 우리는 통제가능변수라 칭한다. 한편, 지역이 처해 있는 인구통계적 환경이라든지, 또 지역민의 수입이나 수요 등이 포함된 경제적 환경 그리고 물리적·기술적 환경을 비롯해 호텔경영에 직간접적으로 영향을 받을 수 있는 정치, 법률적 환경 그리고 지역민이 영위한 사회 그리고 문화적 환경 등과 같이 일개 기업체인 호텔이 통제가 불가능한 통제 불가능 변수가 있다. 따라서 호텔마케팅의 성공적 수행을 위해서는 통제 불가능변수의 경영적 수용을 통한 가능변수의 합리적 운영의 묘가 중요하다고 할 수 있다.

그림 마케팅계획수립 및 실시과정

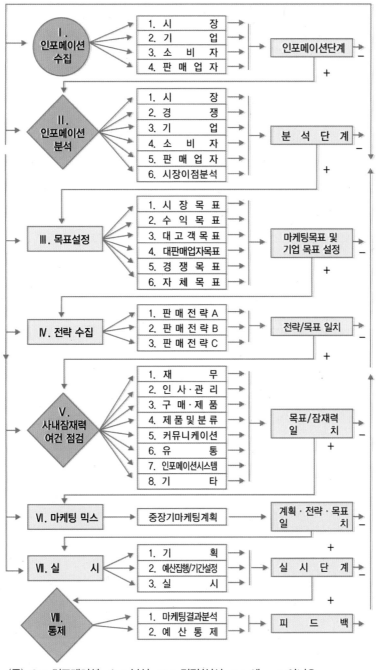

(주) ○ : 인포메이션, ◇ : 분석, □ : 결정/실시, + : 예, - : 아니오
자료 : H. Paul.(1977), Marketing for Frerndenverkehr, RKW, pp.30~31.

핵심용어

total marketing

기업의 제한된 인적·물적 자원을 고객감동을 위해 한 곳으로 집중하는 것을 말하며 또는 마케팅을 단순히 판매활동으로만 보지 않고, 기업활동 자체를 마케팅활동으로 파악하려는 것.

segmentation

호텔상품의 대상을 한정하고 세분화하여 그 시장특성에 맞추어서 판매활동을 행하는 일로 보다 효과적인 마케팅믹스의 개발을 위하여 전체시장을 상품에 대한 욕구가 비슷한 혹은 영업활동에 의미있는 동질적 부문시장으로 나누는 작업을 말한다.

positioning

제품의 포지셔닝이란 그 제품이 경쟁제품 또는 문제가 되고 있는 기업이나 목적지에서 판매되고 있는 제품과 비교하여 부각시켜주는 이미지이다

target market

표적시장 또는 시장표적이라고도 하는데 시장세분화를 전제로 차별적 마케팅을 하는 경우, 기업의 목표 및 능력의 관점에서 보아 판매목표를 한정한 특정 예상고객층으로 된 시장을 말한다.

marketing mix

마케팅목표를 합리적으로 달성하기 위하여 마케팅경영자가 일정한 환경적 조건을 전제로 일정한 시점에서 전략적 의사결정을 거쳐 선정한 여러 마케팅 수단이 최적하게 결합 내지 결합되어 있는 상태를 말한다.

product

고객의 욕구를 만족시키기 위하여 판매되고 제공되는 가치적 제공물을 말한다. 내용의 형태는 유형적·무형적 형태를 가진다.

physical Environment

물리적 환경으로 상품의 판매가 발생하는 환경과 제품이 생산되고 소비되는 환경을 말한다.

packaging

공간을 위주로 하는 마케팅으로 주요 과제는 판매촉진을 위해서 상품과 서비스를 상호연관시키기 위한 것으로 상품을 고객에게 소구할 수 있는 이미지를 포함하고 있다. 즉 판매의 내용은 외형과 내용 및 기타 판촉자료 등을 적절히 패키지화하는 것이다. 이는 관광상품, 관광시장, 경영방법, 가격 등과 같은 측면의 내용을 패키지화할 수 있다.

Advertising

제품의 이미지를 제고시키고 소비자의 인식을 변화시키며 상품의 수명을 창출해내는 방법으로 공공적인 커뮤니케이션으로 볼 수 있다.

PR

Public Relation은 구입하거나 직접판매를 발생시키는데 사용되지 않는 아이디어, 제품 및 서비스의 비인적 표현으로 일반 대중의 눈에 회사나 제품의 가시도를 증대시키는 것에 의해 장래 시장의 고객들의 인식의 증가를 유도하는 것이다.

호텔경영 전략

제 **9** 장

호 · 텔 · 경 · 영 · 론

1 호텔전략의 개념

호텔전략이란 호텔경영에 있어서 장기적인 목표를 정하고 그 정해진 목표를 달성하는데 필요한 활동절차의 선택이며 정책방향을 정하는 의사결정으로 볼 수 있으며, 이는 목표달성을 위해 조직내부의 활동을 계획하고 조정하는 일이며 외부 환경에 대처하는 여러 방법을 강구하는 것이라 할 수 있다. 이를 원론적인 측면에서 보면 호텔기업의 범위와 성장방향을 정하는 의사결정 규칙과 지침이며 회사의 사업내용, 방향 즉 목표달성을 위한 제반 계획이며 디자인이라 할 수 있다. 호텔에서 경영목포를 달성하기 위해서는 호텔이 갖는 경영목적 및 경영목표 그리고 경영방침 등에 기초해 전략의 방향이 정해진다고 볼 수 있다.

전략개념은 전술과 구별된다. 전략과 전술의 차이는 전략은 전술이 구체적인 반면에 전술은 추상적이란 개념이며, 전략이 대응방식과 방향을 정하는 것이라면 전술은 이에 비해 대책과 방법을 찾는 것이라는 점에서 차이가 있다. 따라서 전략이 방향이라면 전술은 방법이라 할 수 있다. 이러한 측면에서 볼 때 전략체계는 경영목적에 기초하고 그에 따른 이념과 방침을 정하고 경영목표를 정하며 전략에 기초해 전술을 정하는 수순을 밟은 것으로 볼 수 있다. 호텔경영전략의 의미는 호텔기업환경의 변화에 호텔기업 전체를 적응시키는데 있으며, 그러기 위해서는 환경변화 가운데서 기업의 성장기회를 탐구, 그것을 평가 선택하여 성장기회의 실현을 확보하는데 있다고 할 수 있다. 따라서 올바른 호텔경영전략은 호텔경영에 영향을 미치는 호텔기업환경을 제대로 분석 평가해야 할 것이다.

2 전략의 내용

① 기업의 나갈 방향을 제시한다

경영전략은 기업이 지향해야 할 지향점을 찾게 한다. 많은 고객층 중에 호텔이 지향할 고객층의 선정, 많은 판매시장 중에 목표판매시장을 정하는 등의 기업이 실지로 어느 방향으로 어떻게 가야 할 구체적 방향을 제시하는 역할을 하다.

② 기업과 환경과의 적응관계 확립

기업이 무슨 사업을 어떠한 형태로 할 것인가에 관한 한 기업이 처한 주변환경에 관련한다. 결국 기업의 경영전략이란 이들 기업이 처한 환경에 효과적으로 부합하게 하는 방향을 제시하고 이의 합리적 관계를 모색하게 하는 것이다.

③ 전략은 세부계획을 세우게 한다

전략은 기업의 내외부 환경에서 어떻게 효과적으로 기업목표를 달성하느냐는 계획이 근간이다. 이로써 기업이 구체적으로 세울 계획의 기본 골격을 형성해 주는 것이라 할 수 있다.

④ 전술은 단기계획이다

기업은 목표를 세울 때 장단기의 틀에서 세운다. 전술이 단기적인 관점의 계획이라면 전략은 장기적인 계획의 일환이다. 즉 기업의 장기적 안목의 기본계획의 골격을 정하는데 이를 전략이라 할 수 있다 이 큰 범위의 계획을 구체적으로 실행에 옮기는 단기적 관점의 계획이 전술인 것이다.

⑤ 기업의 과제

전략은 기업의 목표를 달성하기 위한 가장 근원적 계획이며 기본이다. 따라서 기업이 성공하기 위한 모든 노력은 전략에 기초해서 합리화되고 실천되어야 한다. 기업이 할 수 있는 가능성의 범위 내에서 보조되고 협조되어야 한다.

3 경영전략 수립 및 단위

경영구조가 어떻게 되어 있느냐의 여부에 따라서 경영전략 수립 및 접근방식이 다르다. 즉 기업이 기업가적 관점으로 구성된 경영기업에서는 경영전략의 핵심은 기업가위주에서 수립된다. 이는 의사결정단계가 단순하고 기업가에 집중되어 있어 위기에 신속하게 대처할 수 있는 장점을 갖는다. 권력구조가 다양한 이해관계자들에 의해 이뤄진 기업에서는 경영자의 부분적 수립의 가능성이 존재하는 데서 경영전략 수립 접근의 한계가 있고 유연성이 결여되어 경영 집중적 기업전략수립과는 비교된다. 한편, 경영자들의 의사결정이 경영환경의 기회와 위협에 대한 원리와 원칙에 따라 합리적 분석에 기초해 의사결정이 이뤄지는 접근방식이 있다.

단위별 경영전략 수립방법은 한 개 이상의 사업부문을 포함한 기업의 경영활동을 관장하기 위해 최고경영자에 의해 작성되는 계획이 있는데 범주는 신규사업, 해외진출이나 철수, M&A, 기술도입에 관한 문제를 포함한다. 이 단위는 경영목표를 달성하는데 필요한 제반 인적, 물적, 그리고 재화적 자원배분과 조달하는 내용을 포함한다. 이 기업단위 전략형태는 기업 내의 상이한 사업부서들은 상호협조를 위한 역할을 규정하게 된다. 한편, 사업부별로 특정목표 즉 생산, 재무,

마케팅 등의 사업부별 전략 접근방식이 있다. 또한 사업부제의 통합적 관리시스템 관점에서 유사한 경영활동을 서로 통합하여 기업체처럼의 독립성을 부여하고 자신들의 경영전략을 수립하는 전략사업단위가 있다. 또한 기능적 측면의 접근을 통해 경영전략단위를 기능에 두는 기능적 단위 경영전략도 있다. 이 접근방법은 생산, 마케팅, 재무 및 연구 등의 기능적 부서의 경영자들에게 부서의 업무추진에 관한 기틀을 제공하는 접근방법이다.

4 경영전략 수립

경영전략은 현재 위치한 환경에 관한 정확한 자료에 근거한 전략입안이 요구된다. 따라서 호텔경영전략의 수립단계는 외부 환경분석과 내부 환경분석을 통해 얻어진 내용을 기초로 전략대안을 검토하고 이에 따른 전략을 선택하고 그것을 수행하며 수행결과를 평가하는 단계를 거친다.

1) 외부환경 분석단계

(1) 직접환경

① 정치적 환경
② 경제적 환경
③ 사회적 환경
④ 환경적 환경
⑤ 문화적 환경
⑥ 기술적 환경

(2) 간접환경

① 경쟁환경

② 지역사회

③ 언론매체

④ 정부

(3) 내부환경

① 재무적 환경

② 조직적 환경

③ 기술적 환경

④ 서비스 제공능력

⑤ 자원환경

⑥ 인적 서비스 수준

⑦ 안전관리 능력

⑧ 마케팅 능력

⑨ 시설투자 능력

2) 전략대안 평가

대안은 여러 가지가 있을 수 있고 이들의 내용이 자사에 가장 적절한 관계에 있는지를 가름하는 게 중요하다. 이는 기업의 강점, 약점, 위협 그리고 기회에 입각해서 검토가 가능하다.

① 신 고객시장 진출

② 원가절감

③ 서비스 질 향상

④ 인적서비스체재 변경

⑤ 신규투자

⑥ 규제

⑦ 경기

⑧ 경쟁

평가에 있어서 고려되어야 할 내용은 경영목표와 정책의 일관성, 내부요인의 고려 등의 내외적 요인들이 고려되어 평가되어야 할 것이다.

3) 대안의 선택

전략수립의 과정에서 다양한 대안들이 존재할 수 있다. 호텔의 제반 환경, 수행능력 및 예상되는 강·약점을 중심으로 최적의 방법을 선택할 필요가 있다. 더욱 이상적인 것은 기업목표나 경영자의 가치관 그리고 사회적 책임을 수행할 수 있는 관점에서 최상의 대안을 선택할 때 가능하다.

다양한 사업영역을 가진 그룹차원이거나 단일 기업이지만 생산품의 복수인 경우에 용이하게 사용되며 대안선택의 방법에서 최고경영자가 다양한 사업단위를 시장의 위치와 기업내부 여건에 관련지어 평가하는 제품 포트폴리오 관리법 그리고 제품 수명주기에 입각해 평가를 하는 방법 등이 있다. 포트폴리오 관리법은 성장가능하고 비교우위를 누릴 수 있는 분야에 기업의 제자원이 우선적으로 배분된다.

4) 추진 및 실행

전략으로써 최적 대안이 결정되면 이는 계획, 프로그램 그리고 예산으로 편성되고 이에 따른 구체적 계획이 작성되어 전사적으로 추진된다.

5) 평가 및 통제

각 단계마다 전략목표에 부응하고 제대로 실행되고 있는가를 전략계획과 비교 평가해야 한다. 이는 전략계획이 예정대로 실행되고 있는지 예상된 결과를 달성하고 있는지의 여부가 평가를 통해 확인되고 이의 근거로 제대로의 방향을 수정하는 등의 통제를 하게 된다.

5 호텔경영시스템 전략 : 소유와 분리를 통한 운영

호텔의 규모가 작은 경우 자본의 출자, 생산, 판매활동 경영 등은 소유와 경영이 동시에 이뤄지지만 기업의 규모가 커지고 다양해지면서 호텔의 다양한 기능의 합리적이고 전문적인 식견이 요구될 때 경영과 소유의 분리문제가 제기된다. 이때 발생한 형태의 경영이 경영기능의 위탁에 의한 고용경영자의 필요성이 대두된다. 이제 호텔의 기능이 국제화되고 다양화되며 대형화되면 대규모의 자본조달이 필요하고 전문성이 요구된다. 이의 필요성에 따라 자본과 소유가 분리되는 단계를 거치게 된다.

규모화에 의해 주주와 자본가가 탄생되며 주주는 회사의 업무나 사업을 관장하기보다는 배당이익에 관심이 있게 되고, 자본가도 경영의 책임보다는 안전한 투자이익에 관심을 갖기 때문에 자본과 경영이 분리되는 관계를 형성하게 된다. 자본과 소유가 분리되는 또다른 이유는 호텔경영활동이 특수하고 규모가 커지고 업무 자체가 대규모화하고 복잡하고 전문화하기 때문에 호텔분야별 전문적 식견과 지식이 요구되기 때문이다. 더구나 오늘날처럼 호텔산업이 공급이 급증하고 수요층의 요구가 다양하고 복잡하여 경쟁적으로 되었기 때문에 호텔전문 경영인이 필요하기 때문이다.

6 경영자 형태

① 소유경영자(Ower Manager)

소유경영자는 호텔의 출자와 경영을 동시에 하면서 의사결정과 지휘관리를 총괄하고 전적으로 회사의 사업손실과 이익에 대한 총괄책임을 진다.

② 고용경영자(Employeed Manager)

고용되어 유급되는 경영자이다. 소유주의 업무를 관장해주고 보수를 받는 경영자이다. 이의 형태는 고용주가 시키는 일을 대신해주는 종속적인 관계의 기업형태로 운영되기 때문에 경영자가 독자적인 경영활동을 수행하지 못할 뿐만 아니라 자본가의 이익을 대변하는 고용 중역으로서의 기능을 한다.

③ 전문경영자(Professional Manager)

경영관리의 전문지식과 경험 그리고 능력을 갖춘 전문가집단을 일컫는다. 따라서 기술혁신, 제품의 다각화, 시장의 다양성, 이익집단의 다양한 이해관계를 위한 호텔의 유지, 성장 그리고 합리적 이해관계의 해결이 요구되는 전문경영인이 필요하게 된다. 따라서 호텔의 창의적 경영노력, 과학적 경영방식, 민주적 경영 그리고 기업에 이익을 사회에 공헌하고 책임을 다하는 현대적 경영이념 구현의 선구자 역할이 요구받게 된다.

④ 최고경영층(Top Management Zone)

전반적인 경영에 관한 전략적 의사결정과 실시를 위한 대내적 기능을 수행할 뿐만 아니라 경영이념과 방향을 실현하는 대외적 기능을 수행하는 경영층으로써 기업의 전반적 관리 및 기본기능의 여러 직능을 담당하는 경영층이다.

⑤ 중간경영층(Middle Management)

최고경영층이 결정하는 전반적인 방침이나 계획에 의거하여 하위 감독층을 지휘하면서 부문적 업무사항의 집행을 임무로 하는 경영계층으로 하위 감독층을 지휘 통솔한다. 중간관리층의 역할은 기업 내 상하간의 커뮤니케이션의 역할을 할 뿐만 아니라 상하간의 상호협력을 통한 조직의 유기적 통제를 확보하는 책임을 지게 된다.

⑥ 하위경영층(Low Management)

하위경영층은 최고경영층에서 결정된 방침계획에 의거하여 중간관리층에서 구체화된 실행방침, 실행계획에 따라 생산종업원을 지도 감독하는 직능을 수행한다. 현장 종업원과 직접 접촉하여 현장 작업활동을 지휘 감독한다. 이 경영층은 일선 현장 종업원과의 생산실천의 지도 감독이 업무이며, 위임된 권한범위 내에서 현장 명령 및 지휘를 하게 된다.

⑦ 총괄경영자

기업전체를 총체적인 면에서 각 부문활동의 효율성 확보보다 기업전체의 목표 달성을 위한 역할의 경영자로 전술적 · 미시적인 측면보다 전략적 · 거시적인 경영스타일이다. 총괄경영자는 복잡한 경영속에서 조정 통합역할이 필요하다.

⑧ 직능경영자(Functional Manager)

각 지능별 기능을 중심으로 즉 생산, 마케팅, 인사 및 재무처럼 어느 한 부문활동에만 책임을 지고 있는 경영자이다

1) 전략적 경영을 위한 경영자 자세

경영자의 역할은 사람과의 관계관리이다. 경영성과는 사람과 사람과의 관계 즉 종업과의 관계와 상사와의 관계 등을 원활히 해줌으로써 기업의 방침을 이해하고 숙지하는 이상적인 대인관계를 확립하는 데서 출발한다. 경영자는 회사내외의 연락자로서의 역할이 요구된다. 경영자는 정보를 탐색하는 모니터로써의 역할, 외부정보를 소개하고 전파하는 소개자 및 전파자로서의 역할 그리고 내부정보를 전달하는 대변인으로서의 역할을 할 수 있어야 한다. 한편, 경영자는 기업가로써 분쟁, 자원분배 또는 협상자로서의 의사결정 역할을 수행하게 된다. 하위 관리층에서 중시되는 것이 전문적 기술이라면 상위층의 경영기술은 개념적 기술이라고 할 수 있다. 이러한 점은 개념적 기술이 상위층의 포괄적이고 장기적인 의사결정이란 점에서 그렇다.

경영자는 경영에 관련한 제반 관계를 긍정적으로 하는 데 있다. 이의 의미는 고객에게는 고객의 요구에 부응하는 상품과 서비스를 제공하고 기업에게는 이익을, 사회에는 공익적 책임을 다하는 것이 필요하다. 기업의 존재이유와 목적에 부합해야 하고 사회에서의 공익 그리고 사회적 책임이 수반되는 책임을 말한다. 주주, 종업원, 소비자, 정부, 지역사회 그리고 공급업자 등과 같은 이해당사자들에 대한 책임을 수반한다. 주주에게는 이익배당을, 종업원에게는 처우와 복지를, 정부에게는 공익기업으로서 국가의 경제에 이바지하는 존재로 지역사회와 문화사업 등의 금전적, 심리적, 보상적 그리고 복지적 책임을 수반하는 사회적 공익과 환경에 이바지하는 사회적 책임을 다해야 한다.

기업은 존재이유가 있다. 기업이 지향하는 목표와 이념을 구현하는 책임이 중요하다. 기업의 기능이 재화 및 서비스의 생산이라는 관점에서 기업에 이익을 창출하는 일은 경영자의 기업의 유지 및 존속 발전의 책임에 해당한다. 이처럼 경영자는 경영인이 갖는 각종 전문가적 지식과 기술을 동원해 기업을 유지 발전시킬 책무가 있을 뿐만 아니라, 오염이나 생태계 차원의 의무 및 책임 그리고 기업이익의 사회환원이라는 관점의 사회발전에 대한 책임 또한 중요한 경영자의 책임 영역이라 할 수 있다.

이와 같은 경영자의 경영자 역할을 다하기 위해서는 경영전문가는 전문적인 지식과 식견에 기초한 조직력, 계획력, 설득력, 이해력 그리고 종합력, 판단력 등의 자질이 필요하며, 이는 전문가적 자질에 기초해 교육되고 훈련되어야 가능하다. 이는 전문가적 식견, 교양, 사회관이 포함되며, 관리, 사무, 판매, 생산 및 기술 등의 부문별 교육을 동시에 포함한다.

2) 경영자교육

전문가 교육은 지성과 지능 그리고 감성과 인격교육이 필요하다. 지성교육은 문제해결을 위한 교육, 사례를 통한 교육, 비즈니스 게임 등을 통한 과제를 통한 교육견학이나 사실개념의 교육을 통해 이뤄지고 지능교육은 연습, JI훈련 시뮬레이션을 통해서 가능하다. 한편, 감성 및 인격 향상 교육은 면담이나 패널이나 워크숍 그리고 역할 연기 및 감수성 훈련을 통해 가능하다.

3) 경영자의 자세

경영자는 기업을 대표하고 종업원을 대변하며 사회적 공익의 이념을 실현해야 하는 등 다양한 방면의 자질을 요구받고 있다. 이러한 점에서 경영자는 다음과 같은 감각을 갖는 경영자상을 실현하도록 교육되고 육성되어야 할 것이다.

① 이해관계자와의 의사소통이 원활히 되도록 교육되어야 한다.
② 경영에 대한 책임을 질 수 있는 사람으로 되어야 한다.
③ 경영자가 직면하는 조직목표, 경영문제, 요구조건, 상호경쟁적인 목표 간의 균형을 유지하고 우선순위를 판별하는 능력을 요구받고 있다.

④ 문제에 직면해 해결대안을 제시해야 한다. 이는 전체적 관점의 안목이 요구
　 된다는 의미이기도 하다.

⑤ 많은 사람들에게 의해 생기는 대립이나 논쟁의 조정역할을 수행할 수 있도
　 록 교육되어야 한다.

⑥ 타인과의 관계를 원만히 형성 유지하고 설득과 타협의 수단을 활용하도록
　 해야 한다.

⑦ 기업의 성장 발전에 창의적 경영자로 되어야 한다.

⑧ 수시로 변하는 경영여건에 이를 해결하는 과학적 전문인이 되어야 한다.

⑨ 조직구성원의 공감을 기본으로 민주적 리더십을 발휘해야 한다.

⑩ 기업의 이익 창출, 유지 발전 이익을 가져오며 사회적 책임 등의 장기적이
　 고 거시적 안목의 균형경영이 요망된다.

7 호텔기업환경

　일반적으로 기업은 그 기업을 중심으로 그 기업이 처한 환경과 서로 영향을 미친다. 기업의 행동에 대하여 직·간접적 영향을 미치는 유형·무형의 서브 시스템의 전체를 구성하고 있는 하나의 시스템이다. 외부환경으로부터의 투입요소는 인간, 자본, 기술이 있으며, 산출요소로는 제품, 용역, 이익 그리고 만족을 들 수 있다. 이러한 기업과 기업환경은 상호작용하며 서로에게 영향을 미친다. 기업환경은 경영전략에 영향을 미치게 되는데, 경제의 변화, 고객의 선택과 욕구의 변화, 규제강화, 인건비 등의 사회적 환경변화에 부단히 영향을 받게 된다. 기업의 역할이 종업원의 생활에 영향을 미치고 종업원의 생활은 국민생활과 직결되며 기업윤리관이나 도덕적 수행의 결과는 사회나 국가 그리고 국민 지역사회에 그대로 영향을 미친다고 할 수 있다. 이로써 임금, 소비자 보호적 관점의 기업운영, 환경오염 등은 기업의 영향이라고 할 수 있다.

1) 직접환경과 간접환경

직접환경은 기업환경의 달성에 직접적으로 미치는 환경요인으로써 고객, 경쟁업체, 종업원, 정부나 지역사회 등이다. 이는 미시환경으로 기업목표 달성에 직접적으로 영향을 미친다. 간접환경은 기업에 간접적으로 영향을 미치는 외부환경으로 정치, 경제, 사회, 문화 및 기술적 환경을 포함한다.

(1) 직접환경

① 고객

기업이 존재하는 이유는 고객 때문이다. 고객의 선호나 고객의 선택이 곧 기업의 성장과 유지, 번영을 원하고 고객에게 외면당하고 선택되지 못하는 기업은 존재의 이유가 없다. 그러나 고객이란 다양한 층을 형성하고 있다. 호텔 수요에 영향을 줄 수 있는 고객층이 있을 수 있고 이에 못 미치는 수요층도 존재한다. 이로써 고객의 경제적 상황, 소비욕, 계층, 나이 성별 등과 같이 고객욕구가 다름에 다른 환경적 요인에 따라 호텔수요가 부단히 영향을 받게 된다. 따라서 호텔은 이들의 제반 상황에 따른 영향요인을 고려해 수요를 증대시키는 회사적 노력이 요구된다 할 수 있다.

② 종업원

종업원은 회사의 자원이다. 종업원의 자세 여부에 따라 호텔의 경영에 직접적으로 영향을 미치게 된다. 따라서 종업원의 회사에 대한 업무의 환경이나, 임금, 노동시간 또는 노동조건 등은 곧 종업원의 근무와 관계되는 중요한 요소가 된다. 종업원 만족은 곧 고객서비스나 업무에 영향을 미치고 이는 회사의 경영에 직접적으로 영향을 미치게 된다. 이로써 고용의 안정, 적절한 임금, 종업원의 노동조건을 향상시키는 노력이 요구된다.

③ 정부

기업은 정부의 방침이나 규제 등에 많은 영향을 받는다. 규제, 경제제도의 스타일, 정부의 기업정책 등을 통한 총체적 영향을 받게 된다. 기업에 대한 직·간접적 통제, 육성책, 기업발전 기반 조성, 지원 및 촉진책 및 규제책이다. 규제대상으로는 환경에 관하고 소비자 보호차원의 정부차원의 규제가 있을 수 있다.

④ 경쟁업체

경쟁은 기업활동에 영향을 미치는 중요한 요소가 된다. 오늘날과 같이 경쟁이 심하고 공급이 수요를 앞지르는 시점에서는 더욱 그렇다. 소비자의 요구에 부응하려는 취지의 제반 조치들이 상대호텔의 경영상의 약점을 강요하도록 하게 된다. 서로의 과당경쟁의 분위기는 시장질서에 반할 뿐만 아니라 오히려 공동의 자멸을 초래하는 경영상의 문제점을 나을 수도 있다. 따라서 기업에 있어서의 선의에 경쟁은 오히려 기업공존과 발전에 크게 이바지하는 경우로 된다.

⑤ 지역사회

지역사회에서의 호텔은 그 지역의 세수입을 중대시킬 뿐만 아니라 지역을 대표하고 상징적인 역할을 수행할 수도 있다. 경우에 따라서는 지역 고용확충책의 역할도 담당하며 지역사회의 소득원이 될 수도 있다. 따라서 지역으로서도 건전한 호텔을 유치 육성하고자 하며 세제상의 혜택은 물론 저렴한 호텔부지를 제공 인센티브를 제공하여 건전한 호텔을 유치 육성함으로써 타지의 관광객을 유치할 수도 있다. 그러나 지방 고유의 타 영세호텔의 경영압박을 줄 수 있고 호텔의 부실·편법 운영 등으로 주민과의 불화와 지역 이미지를 부정적으로 만들 수도 있다.

(2) 간접적 환경

호텔기업에 있어서 간접적 환경은 경제적 환경, 사회적 환경, 문화적 환경, 생태적 환경, 정치적 환경, 그리고 기술적 환경 등을 들 수 있다.

① 경제적 환경

호텔경영환경에 있어서 경제적 환경은 세계 및 국가 경제체계, 산업구조, 정부의 재정, 금융정책, 인플레, 경제성장 속도, 소비성향의 변화 또한 수출입동향 등이 포함될 수 있다. 특히 해당 국가가 어떤 경제기조를 유지하느냐에 따라 크게 영향을 받을 수 있다. 자본주의국가, 공산체제의 국가, 사회주의국가 경제기조가 각각 다르기 때문이다. 체제소유가 자유롭거나 재정 운영방식의 차이, 분배의 대상 등이 다르기 때문이다. 기업활동의 자유가 보장되는가 등의 정부의 간섭과 권익의 유지 인정 등이 그런 내용에 포함된다.

한 나라의 산업구조가 어떠 하느냐에 따라 크게 영향을 받는다. 국가산업기조 및 구성 비중, 국가가 지향하는 산업군인가 아닌가에 대한 내용 등이 그것이다. 일반적으로 오늘날의 국가기조는 여가나 관광을 비롯해 통신국가적 국책사업으로 중시되는 경우가 그것이다.

또한 국가의 재정이나 금융정책도 호텔산업에 영향을 주는 요인이다. 불황, 자본구조의 취약, 경기회복, 경기동향, 정부의 재정지원 확대정책, 소비자 지출동향, 자금순환의 원활화, 세제경감, 통화공급 및 확대, 그리고 경제성장 속도를 금융정책 등은 크게 영향을 미치는 요인에 해당한다. 특히 관광객 관광동향 및 관광성향 등은 중요하다. 관광지출을 가능케 하는 가처분소득의 증가 정도 국민의 관광인식에 따른 관광욕구 및 수요동향 및 성향 등은 중요한 영향요인에 해당한다.

② 사회적 요인

국민이 지향하는 삶의 가치관, 생활패턴, 사회적 태도 그리고 전통적 관습 및 습관 등을 비롯해 사회적 관념에 대한 경향, 국민이 처해 있는 사회적 제도 등은 호텔사업에 미치는 영향에 해당한다. 소비의 인식, 삶의 질 추구 등과 가족구조 및 관광활동에 국민의 인식정도 등이 호텔사업에 미치는 사회적 영향요인에 해당한다.

③ 정치적 환경

국가가 지향하는 정책방향이 어떠느냐에 의해 호텔사업은 크게 영향을 받는다. 일국가의 정책, 법률 및 행정적 환경, 세상에는 공산주의 국가도 있고 민주주의, 사회주의, 전체주의 국가 등이 있고, 이들의 정책기조는 각기 호텔사업에 미치는 영향이 달리 됨을 말한다. 특히 특정사안에 대한 정부의 규제나 제한 등에 의해 크게 영향을 받는다. 따라서 정부의 지원 및 촉진책 또한 긍정적 영향을 받게한다.

④ 기술적 환경

호텔에 있어서 CRS 시스템을 통한 정보화, 업무의 간소화, 생산과정의 자동화 또는 기계화 등은 호텔의 조직, 생산, 그리고 재무 등이나 호텔상품의 생산, 유통 그리고 업무면에서 진전된 영향을 줌을 의미한다. 이러한 점은 일반적으로 발전된데 대한 긍정적 영향을 받을 수 있다는 점이다. 반면에 교통수단의 발달로 전국 일일권의 생활패턴은 호텔의 이용을 감소시키는 것일 수도 있는 것처럼 발전적 사실이 호텔산업에 부정적 영향요인으로 됨을 알 수 있다.

⑤ 생태적 환경

호텔도 다른 산업에서 제기되고 있는 환경오염문제에서 예외가 될 수는 없다. 오늘날 환경파괴나 공해를 유발한다는 이유로 호텔의 설립이 좌절되고 제약을 받고 있는 경우가 많다. 호텔은 아름다운 자연을 배경으로 세우고자 하는 호텔업자의 생각과 아름다운 자연을 파괴한다는 환경단체들의 입장이 있다. 또한 호텔은 오물을 배출하는 원인을 제공하기도 하기 때문에 환경파괴와 오염에 관한 문제에 호텔설립이나 경영에서 크게 영향을 받게 된다.

표 호텔사업에 영향을 미치는 요인

구분	내용
경제적 요인	경제성장률, 가처분소득 증대, 환율 및 통화정책, 소득 및 소득분배, 실업률, 선진경쟁업체 시장진입
정치 · 법률적 요인	출입국 수속, 해외여행자유화, 관광사업 촉진 및 활성화 법률제정, 사회질서 안정, 정치적 안정
사회 · 문화적 요인	여성의 사회 진출확대, 건강에 대한 관심 증대, 핵가족화, 자아실현욕구 증대, 기업의 사회적 책임, 여가시간 증대, 노인관광시장 확대, 여가인식전환, 양적 · 질적 종사원의 배출, 여행정보제공 활성화
환경적 요인	인문환경, 자연환경, 환경파괴 및 오염
경쟁환경 요인	outsourcing, 다기능 점포확대, 전략적 제휴, 네트워킹, 해외기업과의 프렌차이징

핵 심용어

business game

수강자를 경영자로 가장시켜 몇 팀의 소집단으로 나누어서 여러 가지 경영관리 면에서 경쟁을 시켜 그 성적을 평가하는 것

brain storming

아이디어 발휘를 위한 훈련방식이며, 여러 사람의 머리를 짜서 좋은 아이디어를 만들어 내게 하는 방식

JI훈련

Job Instruction으로 지능의 습득을 위한 단계적 훈련방식

workshop

다수의 참가자를 몇 개의 그룹으로 나눠 문제를 주어서 토의시켜 그 결과를 요약 평가하게 하는 방식

sensitive training

집단역학개념에서 비롯된 자아역할조직의 개발을 위한 일종의 인간관계 개선에 관한 훈련 방식

M&A

M&A(Merges & Acquisitions)란 외부경영자원 활용의 한 방법으로 기업의 인수와 합병을 의미한다. M&A의 뜻을 살펴보면 기업의 인수는 대상기업의 자산이나 주식을 취득하여 경영권을 획득하는 것을 말하며 기업의 합병은 두 개 이상의 기업이 결합하여 법률적으로 하나의 기업이 되는 것을 의미하는데, 최근 M&A가 보다 넓은 의미로 쓰이고 있는데 기업의 인수와 합병 그리고 금융적 관련을 맺는 합작관계 또는 전략적 제휴 등까지 포함시켜 M&A의 개념으로 보고 있다.

전략

어떠한 자원을 둘러싼 경쟁에 있어서 대처하는 방법. 전략을 각 개체의 행동형질 종합으로 엄밀히 정의하며, 그 중에서 각각의 행동요소를 전술이라고 하여 구별하는 경우도 있다. 양자의 판별이 실제로는 상당히 곤란하므로 오히려 애매한 사용법이 되는 경우가 많다. 전략을 이론적으로 분류하여 어떤 조건에서 행동패턴(전술)이 1개뿐인 경우를 순수전략, 확률적으로 복수의 전술이 채용되는 경우를 혼합전략이라 하고, 또 조건에 관계없이 항상 같은 전술을 취할 경우를 비조건부 전략, 조건에 따라서 전술이 다른 경우를 조건부 전략으로 구별하기도 한다.

전술

전술(戰術, military tactics)은 본래 군사에서 쓰이는 낱말로, 특정한 목표를 수행하기 위한 행동계획을 가리키는 전략(strategy)과는 별개이다. 전술은 적의 병력을 격멸함으로써 전략

목적을 달성하는 데 그 목적을 둔다.

전략은 그 조직 또는 기업이 가지는 비전(Vision)을 달성하기 위한 목적을 가지며, 조직의 목적을 달성하기 위한 비교적 장기간의 포괄적인 행동계획이다. 그리고 여기서 조직의 목적이란 조직 전체의 활동에 직접적이고 확고한 영향을 주는 조직의 전체적인 목표를 의미한다. 반면에 전술은 전략적 목표를 달성하기 위한 보다 직접적이고 세부적인 행동계획을 의미한다. 이 전략과 전술이라는 용어는 원래 군사용어였지만 지금은 군사, 경제, 경영, 과학분야 등 거의 모든 분야에 걸쳐 사용되고 있다. 가장 간단히 설명하면 전략은 전쟁에 이기기 위한 행동계획이고, 전술은 전쟁에 이기기 위해서 하나의 전투에서 이기기 위한 행동계획이다.

제품 portpolio관리(PPM)

전략적 강점을 지닌 특정 사업 혹은 제품에 대한 지원을 결정하기 위한 전략을 포트폴리오전략(Portfolio Strategy)이라 하며, 분석을 위한 대표적 모델 중 하나가 제품포트폴리오관리(PPM: Product Portfolio Management)이다. PPM은 전략적 강점과 약점을 분석하기 위한 요인으로 성장률과 점유율이라는 두 개의 축을 이용한다. PPM은 다수의 사업 혹은 제품을 가진 기업의 전략적 강약점 분석을 위해 성장률과 시장점유율이라는 두 개의 분석요인을 가진 도표(growth/share matrix)를 사용하여, 그 기업이 가진 사업 혹은 제품을 두 분석요인에 따라 분류하고 적절한 자원배분을 위한 대응전략을 취할 수 있도록 해주는 기법으로 Boston Consulting Group(BCG)가 개발했다.

leadership

조직의 목적을 달성하기 위해 구성원들을 일정한 방향으로 이끌어 성과를 창출하는 능력이다. 앨런 케이스(Alan Keith)에 따르면 "리더십은 궁극적으로, 대단한 일을 일으키는 데에 사람들이 공헌할 수 있게 하는 방법을 만들어내는 데 대한 것이다."라고 정의하기도 한다. 리더십은 조직환경에 가장 중요한 관점 가운데 하나로 남아 있다. 그러나 리더십의 정의는 상황에 따라 달라질 수 있다. 일반적으로 지도력은 조직의 문제점을 개선하고, 조직이 환경변화에 적응하도록 하며, 구성원에게 동기를 부여하는 등의 기능을 가진다.

전문경영인

기업의 소유주와 직원 사이에서 경영관리를 수행하는 사람을 말한다. 과거에는 기업의 소유권과 경영권이 분리되지 않아 소유주가 직접 경영을 하는 경우가 많았지만, 현대에 들어와 기업의 규모가 커지면서 전문적인 지식과 경영 노하우를 갖춘 전문경영인이 기업을 경영하는 사례가 늘어났다. 전문경영인의 기업경영은 경영의 전문화라는 측면에서 긍정적이지만, 주인-대리인 문제(principal-agent problem)가 발생되기도 한다. 현실적으로 기업의 소유주는 전문경영인의 행동을 일일이 관찰하고 감시하기 어려운데, 이러한 상황에서 전문경영인은 주주 이익 극대화보다는 자신의 실적을 올리는 데 치중할 가능성이 있다.

직능경영인

각 직능별 기능을 중심으로 즉 생산, 마케팅, 인사 및 재무처럼 어느 한 부문 활동에만 책임을 지고 있는 경영자이다.

기업환경

기업환경 전체는 각종 하위 시스템으로 이루어진 하나의 시스템이라고 할 수 있다. 이것은 3개의 시스템으로 분류할 수가 있다.

① 1차적 환경 : 출자자 · 종업원 · 소비자 · 협력기업 등을 말한다.
② 2차적 환경 : 경제환경과 기술환경 등으로서 경제환경이란 국제수지 · 경제성장률 · 1인 당 GNP · 소비구조의 변화 · 업계의 성장률 · 노동력 수급 · 인건비 등을 말하고, 기술환경이란 제조공정 · 원재료 · 제품 · 물적 유통 · 기술정보 등을 말한다.
③ 3차적 환경 : 사회환경과 자연환경 등으로서 사회환경이란 출생률 · 사망률 · 고령자의 증가, 가족구성의 변화, 도시의 과밀화, 교통의 변화, 가치관 등을 말하고, 자연환경이란 대기 · 일광 · 하천 · 바다 · 녹지 등을 말한다.

호텔경영시스템

제 10 장

호 · 텔 · 경 · 영 · 론

호텔경영시스템

오늘날의 호텔은 업무자체가 다양하고 또 경영상의 복잡성 그리고 국제적 업무 수행을 비롯해 효율과 효과 그리고 능률을 위한 제도적 관리시스템과 운영시스템이 필요하다. 우리가 이를 HIS(Hotel Information System: 호텔정보 시스템)과 호텔경영시스템(HMS : Hotel Management System)과 같은 자동화된 시스템을 통해 호텔의 주 업무를 수행하고 경영활동을 함으로 경비절감은 물론 업무의 신속성 및 효율성을 가져오고 있다. 호텔업무 자료의 기록과 처리 혹은 중요한 필요자료를 적절하게 관리 운용하고 데이터를 단순화하고 업무를 표준화함으로 가능하다.

1 호텔 정보시스템의 필요성

1) 호텔업의 국제화

오늘날의 호텔고객은 전 세계적 차원의 다양한 고객을 갖는다. 이들의 모객이 여행사나 기타 여행 유통업자를 통해 이뤄질 때나 고객 스스로 온라인 예약을 통해 이뤄지는 경우가 대부분이다. 이때 사용되는 모객예약 등은 세계적으로 공인화되고 시스템화된 CRS 시스템을 이용하고 또 호텔 내의 운영체계와 통신체계를 연결하는 컴퓨터 네트워크에 의해 이뤄진다. 특히 체인화나 프랜차이즈 등의 시스템체계에서는 송객을 하거나 업무연락을 할 때 필요하다.

2) 호텔업무의 다양화

오늘날의 호텔의 기능은 과거의 호텔이 고객에게 숙식을 제공하는 단순한 기능에서 다양한 부대시설과 어메니티(amenity)를 제공함으로 고객에게 다양한 호텔 상품을 제공하고 있다. 이와 같은 업무들을 일일이 수작업으로 하는 것은 불가능할 뿐만 아니라 호텔업무 자체가 서로 연계해서 이뤄지기 때문에 전산화시스템 운영이나 업무 실행시스템을 운영할 수밖에 없게 되었다.

3) 호텔홍보 및 호텔광고 효과

경쟁이 심하고 수많은 호텔 중에 자사의 호텔을 알리고 고객과의 관계를 유지하는 차원의 고객과의 연결고리로서의 기능을 할 뿐만 아니라 고객에서 쉽고 빠르고 또 전 세계적으로 많은 고객에게 일시에 광고나 홍보효과를 낼 수 있는 데서 필요하다. 고객의 데이터베이스를 구축하거나 호텔소식을 고객에게 전할 수 있는 점이 유리하다.

4) 호텔 인력관리 및 업무의 신속하고 효율적인 관리

호텔은 labor intensive로서 다른 일반제조업에 비해 많은 인적 자원을 요구받고 있다. 이와 같이 많은 인적자원의 효율적인 관리시스템으로서의 호텔경영 시스템이 필요하다. 종업원 업무의 배치, 관리 그리고 체크를 비롯해 평가에 이르는 관련 업무를 쉽고 편리하게 처리하도록 도와준다.

5) 호텔환경의 변화

현대의 호텔은 과거의 단순한 상품의 범주와 업무영역보다 다양하고 복잡한 업무의 증대와 인적자원의 능률을 높이고 종업원의 인적비용을 감소함으로 호텔경영의 수익성을 보장하려는 노력을 위하여 업무의 신속성이나 능률을 높이는 차원의 노력을 하고 있는 터에 정보시스템의 활용도가 요구되고 있다. 따라서 업무수행상의 제반 비용을 감소시키고 서비스의 품질을 높이는 차원에서 컴퓨터 활용은 이의 목표를 달성하는데 결정적으로 도움을 줄 수 있다.

6) 정보경쟁력 확보

현대는 정보의 시대이고 사업의 성패는 정보활용에 있다. 특히 호텔사업은 국제적 관점의 사업이고 스피드 경영을 요하는 사업이다. 정보가 기업경영에 중심적 역할을 하게 되기 때문에 중요하다. 서비스 측면에서도 정보의 중요성이 있지만 경영효율성이나 능률면에서 정보의 중요성이 있다. 특히 기회선점이나 시간단축을 비롯해 타이밍경영을 통한 정보의 유연성이나 시스템화에 정보가 필요한 것이다.

2 정보시스템의 목적

국제화되고 대형화됨에 따라 현대기업에 있어서 정보의 흐름과 효율성 관리가 필요하며, 정보의 수집 처리 또는 이용면에서 정보의 신속도, 정확도 활용도가 더욱 필요하게 되었다. 이러한 기업환경 변화에 부응해서 정보의 기술적 경영적 이용의 필요성이 강조되고 있다.

① 호텔업무에 관한 구체적 자료들을 상사에게 필요한 자료를 통한 보고서를 적절한 시점에 제공하게 할 수 있다.
② 일일이 수작업을 통해 처리함으로 인력을 낭비하는 측면이 있는 점에서 이를 신속하고 정확하게 처리할 수 있게 한다.

③ 정확하고 빠른 자료의 축적을 통해 경영상의 변화를 파악할 수 있게 한다.

④ 호텔경영자에게 모니터링이나 통제를 가능하게 한다.

⑤ 인적 비용이나 기타 업무수행에 소요되는 비용을 절감하게 한다.

⑥ 고객에서 신속하고 정확한 서비스를 제공이 가능토록 한다.

⑦ 업무담당자의 업무의 부담을 덜어줌으로 이의 노력을 고객에게 보다 좋은 서비스 제공이 가능하도록 한다.

⑧ 부서간의 효율적인 업무수행을 가능케 하여 업무의 생산성을 높이는 역할을 할 수 있다.

⑨ 호텔종업원의 업무 만족도를 높일 수 있다.

⑩ 업무체계를 합리화하게 한다.

1) 호텔정보

호텔에서의 정보는 고객관리 정보, 회계정보, 경영관리 정보, 그리고 건물관리 정보 등을 들 수 있다.

(1) 고객관리정보

① 호텔예약 정보

② 호텔시설 정보

③ 행사안내 정보

④ 메시지

⑤ 객실이용실적

⑥ 고객의 신용도

⑦ 투숙목적

(2) 호텔 회계정보

① 계정의 정산
② 지급 수단 및 방법
③ 전표처리

(3) 경영정보

① 객실영업정보
② 식음료 영업정보
③ 객실가동률
④ 예약상황
⑤ 식당 매츨 실적
⑥ 연회예약 상황

(4) 마케팅정보

① 대외 거시적 정보
② 시장조사 정보
③ 관광동향 정보
④ 경쟁호텔 정보
⑤ 각종 마케팅과 관련한 정보

(5) 건물관리 정보

① 경비
② 방재
③ 안전
④ 에너지 절감

▰ 표 호텔경영정보시스템의 주요 업무

시스템	모듈	주요업무
front office system	예약관리	예약처리, 객실할당
	F/O관리	객실배정, 객실정산, 고객환전
	H/K관리	객실청소관리, 객실이력관리
	night auditor	일일영업마감
	영업분석	객실수요예측, 객실현황파악
	기타	모닝콜, 메시지전달
back office system	인사관리	임직원인사, 급여관리
	회계관리	매입, 매출, 세무관리
	구매관리	자재검수, 불출관리
	원가관리	식재료 원가, 비용관리
	시설관리	호텔시설관리
	기타	경영분석, 사업계획
POS system	레스토랑	고객주문, 정산관리
	주방	고객주문관리, recipe관리
	기타	수영장, 헬스클럽매출관리
interface system	전화요금정산	객실내 전화사용내역
	미니바	미니바사용내역 상출
	에너지 관리	전열, 난방관리
	기타	시스템간 연동

2) 호텔정보시스템의 필요성

정보는 복잡한 자료를 간단명료하거나 유용한 형태로 처리함으로써 이를 활용하게 된다. 이의 의미는 자료는 실질적인 가치를 가져야 하며 의사결정에 유용한 가치를 줄 수 있어야 한다는 뜻이다. 이와 같은 정보를 활용함으로써 호텔의 경영에 있어서 인적 또는 물적 활동을 돕고 업무의 효율화와 능률화를 이룸으로써 필요성을 인정받게 된다. 특히 호텔의 특성이 노동집약적 성격을 갖고 있는 점에서 정예 인적자원을 통한 업무의 부담을 줄이고 가용노동력을 최대한 활용하고 인적부담을 줄일 수 있거나 인적자원의 업무부담을 경감함으로 다른 업무의 수행에 전념할 수 있는 이점을 갖게 된다. 이로써 비용절감의 효과를 가져올 뿐만 아니라 업무의 정확도를 높이고 신속히 처리하게 처리함으로써 고객의 불편을 덜게 한다.

경영정보의 경우는 경영자에게 신속한 그리고 시의 적절한 정보를 제공하게 되고, 다양한 경영정보를 손쉽게 유용하게 제공할 뿐만 아니라 종업원에게는 단순화된 자료를 통한 업무의 신속성과 향상된 서비스를 제공할 수가 있게 한다. 따라서 유통, 항공사, 여행사, 관광운영자 등과의 업무를 수월하게 한다. 이러한 결과는 사무량의 증가문제를 해소해 주고, 비용면이나 경쟁면에서 효율이 높은 시스템으로 된다.

핵 심용어

경영정보시스템(MIS: Management Information Systems)

경영정보시스템이란 기업 경영정보를 총괄하는 시스템으로서 의사결정 등을 지원하는 종합시스템을 일컫는다.

특히 기업의 목적인 이윤을 창출하기 위해 다양한 유형의 하위시스템을 효율적으로 운영할 수 있도록 관리한다. 즉 경영정보시스템은 자료를 저장하고, 정보를 생성함으로써 기업 내에서 필요한 지식을 생성하고 축적하여 이를 활용하도록 하는 통합적인 컴퓨터정보시스템이다. 눈에 보이지 않는 지식이지만 이러한 지식의 원천을 형성하는 자료와 정보를 제공하는 기능을 담당하는 것이 경영정보시스템이다.

Hotel Information Control System

회계처리시스템, 고객관리시스템, 예약정보시스템을 중심으로 한 호텔의 서비스 향상이 목적이다. 이것은 동시시간(Real-Time)에 의한 처리가 주기능이 되는 시스템과 관리 또는 후방 업무의 자료처리를 위한 각종 자료작성과 경영관리 업무보고에 중점을 둔 시스템이다.

Management Information System

기업의 경영관리에 필요한 정보를 기업의 각 부내에서 정확 신속히 수집하여 종합적 · 조직적으로 가공, 제공하는 전체 시스템과 그 네트워크를 경영정보시스템이라 한다. 이 시스템은 컴퓨터에 의한 자료처리기능과 정보를 전달하는 통신시스템, 그리고 이를 이용하여 경영방침을 결정하는 의사결정시스템 등 세 가지가 통합되어 구성된다. 또한, MIS의 초보단계에서는 경영분야별 MIS가 이루어지고, 발전 단계에서는 경영 분야의 종합 MIS가 이루어진다

CRS

컴퓨터예약시스템. 항공좌석 예약기능을 비롯해 호텔, 렌터카, 철도, 해운에 이르기까지 여행객이 원하는 모든 정보를 제공하는 고부가가치 통신망. 운항수입만으로는 수익 증대가 어려운 국제항공업계가 적극 개발하여 항공산업의 중추가 되었다. 세이버, 아폴로 등 거래 CRS의 세계시장 진출은 각 지역별로 시장을 블록화하는 지역예약시스템, 즉 GDS(global distribution system)의 출현을 낳고 있다. 결국 거대 CRS에 의한 정보예속을 피하려면 자체 CRS정보량을 늘리는 한편 탄탄한 여행사 네트워크를 구축해야 한다.

Labor Intensive Industry

생산요소에서 자본이 차지하는 비중이 낮고, 주로 노동력에 의존하여 상품을 생산하는 산업을 말한다. 이 산업은 자본집약적 산업에 비해 장비의 화폐적 크기가 작고 기술 · 생산력 수준이 낮으며, 상대적으로 많은 노동력을 사용한다. 따라서 자본집약적 산업과는 달리 낮은 기술수준과 적은 자본으로도 풍부한 노동력만 있으면 쉽게 시작할 수 있는 산업이다. 일반적으로 자본집약적 산업은 독점산업으로서 적은 노동량이 투여되었음에도 불구하고 높은 값으로 팔리는 '고부가가치상품'을 생산하는 반면, 노동집약적 산업은 경쟁산업으로서 많은 노동량이 투여되었는데도 낮은 가격으로 팔리는 '저부가가치상품'을 생산한다. 따라서 자본집약적 산업과 노동집약적 산업 사이에는 부등가교환이 이루어진다. 흔히 섬유 · 신발 · 전자제품 등을 생산하는 경공업이 노동집약적 산업이며, 중공업이나 첨단과학산업은 자본집약적 산업이다.

호텔의 인사관리

호 · 텔 · 경 · 영 · 론

호텔의 인사관리

제 **11** 장

Hotel Management

1 인사관리

기업의 궁극적인 목적은 기업 자체의 영리적 이윤창출과 고객에게는 만족스러운 서비스를 제공하는 것으로 볼 수 있다. 이와 같은 목적을 달성하는데 중심적 역할을 하는 것이 종업원이다. 실제로 고객의 만족을 주는가의 여부를 결정짓는 중심요소는 종사원이며, 이들이 만족스러운 업무여건을 확충해 주는 것이 중요하다 할 수 있다. 특히 호텔의 경우 호텔상품 자체가 눈에 보이지 않는 비가시적 특성을 갖고 있기 때문에 일선에서 고객과의 접촉을 통하여 직접 서비스를 제공하는 종사원의 역할이 중요하다 할 수 있다. 다시 말해서 일반제조상품의 경우는 중간역할을 하는 종사원의 역할이 제한적임에 반해, 호텔의 경우는 고객에게 전달되는 서비스의 전부가 종사원의 역할에 달려 있다고 할 수 있다. 따라서 종사원에 관련한 제반 여건을 확충해줌으로써 그들이 만족스럽고 자랑스럽게 일 할 수 있는 분위기를 확충해 주는 것이 중요하다고 할 수 있는데, 이와 같은 관리를 우리는 인사관리라 한다.

따라서 인사관리의 내용은 적절한 사람을 채용하고, 그들에게 필요로 하는 교육을 시키고, 근무여건을 확충해주고, 봉급, 후생, 복지, 인사이동, 승진관리, 이직관리, 노사관계관리, 안전, 보건관리 등의 내용을 포함한다. 이들의 합리적 운용이나 관리에 따라 종사원의 업무능률을 향상시킬 수 있고 그로 인한 결과는 고객에게 만족을 기업에는 영리를 달성하는 결과를 낳게 될 것이다.

기업이 종사원을 장기적 안목의 투자적 관점이나 또는 자산적 관점에서 인식하고 중요성을 부여함으로 종사원의 가치와 역할의 중요성을 경영의 지침으로 인지하고 기업의 목적을 달성하기 위해 내부마케팅(internal marketing)을 강화하고 경영의 효율적 관리를 기조로 한다. 인사관리의 내용은 기본적으로 다음의 내용을 담고 있다.

① 고용관리
② 인적자원의 채용
③ 인적자원 배치, 이동, 퇴직
④ 복리 및 후생
⑤ 교육
⑥ 안전
⑦ 보건
⑨ 노사관계관리
⑩ 작업조건관리

기업의 목표를 달성하기 위한 필요한 인적자원의 적정수준을 파악 이를 계획하고 계획된 인적자원을 합리적으로 채용하고 기업이 추구하는 인재양성을 위한 일반 및 전문수준의 교육훈련을 실시함으로 기업의 취지에 맞는 적정 인력을 양성 유지한다. 기업과 종사원의 합리적인 노사관계를 위한 제반 노력이 중요하다. 노사관계는 기업과 종사원 간의 계약이며 분쟁 등에 있어서의 방지를 위한 노사 간의 원활한 관계유지와 평화 유지에 있다. 이는 단체교섭이나 종사원의 경영참가 등의 방법으로 이뤄진다. 노사관계는 기업과 종사원 간의 근로관계이며 생산성과 업무수행의 수월성을 위한 생산적 관계를 유지하기 위환 수단으로 볼 수 있다. 이의 핵심적 과제는 노무나 작업조직, 임금, 고용관계 등을 여하히 하느냐에 달려 있다. 종사원의 원활한 의사소통이나 복지 차원의 내용은 종사원에게 생활권의 보장이나 개인적 만족을 이루게 함으로써 종사원의 근로 의욕을 향상시키

고 인간관계 적립을 통한 인권수호의 목적을 달성하는 것이 인사관리의 취지로
볼 수 있다.

2 직무분석 및 직무평가

기업은 종업원이 수행해야 할 직무내용과 성격을 분석하여 직무수행상 요구되
는 숙련, 지식, 능력 및 책임요건을 결정해야 하는데, 이처럼 직무의 내용과 성질
을 분석하여 특정한 직무가 지니는 기본요건을 조사하는 것을 직무분석이라 할
수 있다. 직무분석의 결과를 토대로 직무기술서와 직무명세서를 작성하게 된다.
직무분석은 특정직무의 성질을 결정하는 과정이다. 이는 채용기준이나 평가의
자료 등으로 사용되고 업무상의 표준인원 산정, 인사고과를 위한 고과요소를 설
정하고 노무관리 및 안전관리의 자료로도 사용된다.

직무평가는 각 직무가 요구하는 지식, 숙련, 노력, 책임 그리고 작업조건 등을
평가요소로 하여 각 직무의 상대적 가치를 체계적으로 평가하는 것이다. 이는 기
업내에서 각각의 직무가 차지하는 상대적 가치를 결정하며 상대적 서열을 메기
는 것이다. 직무평가는 객관적인 직무 자체에 대한 가치판단이며 개개의 인간을
평가하는 것이 아니며 각 직무의 양과 질을 평가하여 직무의 상대적인 유용성을
제공하고, 합리적인 임금기준에 의해 종사원의 근로의욕을 증진하고 노사간의 원
할한 관계유지에 목적이 있다. 또한 직무제도의 확립 타 기업과 비교할 수 있는
임금구조의 설정에 대한 자료제공을 하는데 도움이 된다.

직무평가의 방법으로는 직무의 중요도에 따라 서열을 메기는 서열법, 등급으로
분류하는 분류법 그리고 중요도를 결정하지 않고 직무를 각 구성요소로 분해하
여 숫자를 사용하여 결정하는 점수법이 있다.

3 인사고과

직무평가가 직무에 대한 평가라면 인사고과는 종사원에 대한 평가로 종사원의 실천능력, 성격, 적성 및 장래성 등을 평가한다.

인사고과 등을 통해 평가된 자료는 ① 승급, 상여 그리고 임금률의 결정, ② 승진, 배치, 이동 그리고 해고 등의 결정에 자료로 활용되며, ③ 종업원 간의 능력비교, ④ 종업원의 숨은 재능의 발견, ⑤ 교육훈련 그리고 지도의 기초자료로 사용된다.

인사고과하는 방법으로는 종업원의 근무성적이나 능력을 순위를 메겨서 측정하는 방식의 서열법, 척도를 기준으로 하는 평정척도법, 그리고 평가에 적당한 몇가지 표준행동을 배열하고 이 리스트에 해당사항을 체크하여 채점하는 대조리스트법등이 있다. 평정척도법은 각 평정요소마다 종업원이 가지고 있는 특성과 직무수행에 있어서 나타나는 실적의 정도에 따라 체크할 수 있는 연속적인 척도를 마련하여 평정자는 척도상의 임의의 장소에 체크할 수 있도록 되어 있는 도식이 있고 평정요소의 척도를 몇 등급으로 구분하여 각 평가 해당 등급이 있어 평가자가 해당등급에 체크하는 단계식이 있다. 대조리스트법은 평가에 적당한 몇가지 표준행동을 배열하고 이 리스트에 해당 항목을 체크하여 채점하는 방법이다.

▮ 표 인사고과의 변화 추이

	전통적 고과	근대적 고과
강조점	• 사람 중심의 독단적 평가 • 성품, 인품, 근무태도, 의욕 • 과거지향적	• 능력개발 중심의 성과적 평가 • 미래지향적
가치기준	• 고과자의 개인적 가치와 평가 • 일방적 하향식 평가	• 경영목표에 가치 기준 • 자기고과 기회 부여 • 고과기준 자체를 공동결정

평가의 활용	• 피고과자의 장단점을 밝혀 차별적 상벌 자료로 활용	• 피고과자의 장점을 밝혀 적재 적소에 배치, 인재육성, 능력 개발 등의 자료로 활용
평가의 빈도	• 년1회 • 상부하향식 일반적 평가	• 상시평가 • 일상적 지도, 육성

1) 인사고과의 방법

인사고과는 타 근로자와 대비하는 서열평정의 특성을 가진 상대적 고과와 서술적, 실질적 그리고 행위적 특성에서 발원한 절대적 고과로 분류된다. 상대적 고과의 방법으로는 직접적 서열법, 상호적 서열법, 짝 비교법 그리고 강제 할당법 등이 있다. 절대적 고과 중 서술적 고과는 평정척도법, 체크리스트법, 자기 고과법, 주요사건 기록법, 그리고 에세이법 등이 있다. 실질적 고과는 MBO(management of objectives) 즉 목표관리법이 있고, 행위적 고과는 BARS(behaviorally anchored rating scale) 즉 행위기준고과법이 있는데, 이 법은 피고과자의 행위를 몇 개의 범주로 나누고 계량적인 척도로 평가하는 방식이다. 이밖에 BOS(behavioral observation scale) 즉 행위관찰 고과법 등이 있다.

이러한 고과법의 적용에도 학연, 지연 그리고 성, 종교 등의 지각적인 편견으로 인한 문제점이 있을 수 있으며. 좋은 인상을 기준으로 평가되는 후광효과(halo effect), 반대로 부정적인 인상에 의해 평가되는 뿔효과(horns effect) 등의 문제점도 있을 수 있다. 또한 일반 보편적인 평가에 집중시키는 중심화 경향이나 고과자가 자신이 지닌 특성과 비교하여 피고과자를 평가함으로 생기는 문제점도 있다. 따라서 고과에 있어서 중요한 점은 편견요소를 제거 할 수 있도록 타당도나 신뢰도가 담보되어야하고 인사고과가 보상, 승진, 권한 이양 등의 합리적 연계의 필요성이 요구된다.

4 채용관리

기업은 적절한 시기에 적절한 인원을 모집, 선발 그리고 배치함으로써 기업의 목표를 달성하게 된다. 따라서 기업은 기업이 필요로 한 제반 여건을 갖춘 노동력을 확보하는 것이 우선이다. 이로써 기업은 직무분석을 통하여 취업할 직무, 취업할 물적·인적 환경을 분석하여 인적자격요건을 확립하고 노동력의 양을 산정 필요인원수를 계획 설계하게 된다. 이러한 과정을 거쳐 채용된 인원을 적재적소에 적정한 인원을 배치하게 된다. 따라서 기업은 채용에 필요한 인력을 확보하기 위한 적절한 채용방법 그리고 그들이 기업의 목적이나 취지를 백분이해하고 공헌하는데 필요한 제반 교육을 실시하고 그들의 적성이나 소질 등을 고려하여 적정한 부서에 배치업무를 능률적으로 혹은 생산적으로 수행하게 하는데 이와 같은 전반적 관리가 채용관리의 업무로 된다.

채용을 하기 위해서는 먼저 채용기준을 합리적으로 설정하기 위한 직무의 내용을 정확히 하고 종업원을 선택하는 절차를 거친다. 직무분석(job analysis)은 직무의 내용 즉 기업목적을 효과적으로 달성함과 동시에 개인의 욕구도 충족시킬 수 있도록 설계하려는 것이다. 즉 직무설계란 직무를 수행하는 사람에게 의미와 만족을 부여하고자 하는 의도하에서 조직이 그 목표를 보다 효율적으로 수행할 수 있도록 일련의 작업군과 단위직무 내용 및 작업방법을 설계하는 활동이다. 그러므로 직업분석에 의하여 각 직무의 내용을 분석한 다음 그것에 영향을 미치는 인간적·조직적·기계적 요소를 규명하여 전체공정의 작업자에게 직무만족을 부여하고 또 생산성을 향상시킬 수 있는 작업방법을 결정하는 절차라고 할 수 있다. 다음의 단계로 직무분석에 의해 명확하게 된 직무내용을 일정한 양식에 따라 정리 기재한 것이 직무명세서(job specification)를 만들게 된다.

따라서 채용관리는 직무를 분석하고 그에 따른 직무분석표를 만들고 직무내용을 명확히 하는 절차를 거쳐 직무명세서를 만드는 절차를 거치게 된다.

종업원 선택은 경험적 방법, 절충적 방법 그리고 과학적 방법으로 나눌 수 있는데, 경험적 방법은 이력서, 면접 그리고 체력을 또한 기능자의 기능검사, 직원에 대한 학업성적이나 작문테스트 등을 중심으로 선발하는 극히 상식적인 방법으로 선발하는 것이다. 반면에 절충적 방법은 경험적 방법과 과학적 방법의 절충안을 중심으로 선발하는 방식이다. 이는 경험적 방법에 일반심리 적성 검사나 직업 적성검사 등을 포함하는 방식이다. 이에 반해 과학적 방법은 이력, 필기시험, 기능시험, 면접, 적성검사, 임상진단테스트 사상조사 등의 자료를 기초로 선발하는 방식이다.

5 인사이동

인사이동은 종사원의 적절한 인원배치가 종업원의 사기와 능력을 증진하고 능률적이고 생산적으로 노동할 수 있는 적당한 업무에 배치함을 원칙으로 한다. 종사원들의 적성에 맞고 그들의 성과를 낼 수 있는 적재적소의 직장배치의 필요성이 요구된다 하겠다.

정수영(1990)에 의하면 인사이동의 목적은 ① 후계자를 양성하여 차세대의 직능 각 계층의 적격자를 계속적으로 공급하는 태세를 갖추고, ② 적재적소에 배치하여 인적능력을 효과적으로 활용하고, ③ 승진욕구를 자극하여 높은 사기를 앙양하는 데 있고, ④ 동일 직위에의 정착화를 배재하고 종업원의 근로의욕을 쇄신하는 데 있다.

인사이동의 형태는 ① 생산상황에 따른 이동, ② 배치전환을 위한 이동, ③ 만능공 육성을 위한 이동, ④ 교대근무를 위한 이동, ⑤ 구제적인 이동으로 구분된다.

생산상황에 따른 이동은 생산의 증감에 따라 필요한 인원을 이동배치하는 제도이다. 즉 생산이 증가하는 직무에 생산이 감소한 직무에 인원을 재배치하는 인사이동을 말한다. 배치전환을 위한 이동은 현 종업원에 대한 일시 해고를 피하는 목적으로 사용되며 이는 기업의 조업률이 저하되는 경우에 장기근속자를 확보하기 위한 인사이동방법이다. 만능공 육성을 위한 인사이동방법은 소규모 공장에서 사용되는 인사이동방식으로 종사원이 특정한 업무만이 아닌 다른 업무에도 사용할 수 있도록 인력을 양성하는 제도로 이 제도는 장래의 감독자 양성에도 도움이 되는 제도이다.

교대근무를 위한 이동은 근무의 교대를 해주는 방법으로 고정된 업무로 인한 심적 부담이나 불이익을 해소해 주는 방식이다. 구제적 이동방식은 종사원을 고려한 구제적인 목적의 인사이동으로 종업원의 적성이나 계속된 단순업무의 실증을 면해주고 또한 연령, 건강 등을 고려해 종사원을 이동시켜주는 방식이다.

6 교육훈련관리

교육훈련관리는 현재 업무를 수행하고 있는 종업원의 업무와 기능을 훈련하는 것으로 직장내에서 업무 및 작업에 종사하면서 훈련을 받는 on the job training(OJT)와 직장을 떠나 일시적으로 교육을 받는 off the job trainning(Off JT)이 있다

신입사원이나 중도 채용자의 경우는 회사의 목적 및 목표를 잘 모르고 있을 수 있다. 이들에서 회사에 관한 전반적인 상황을 알리고 또 그들이 어떻게 회사의 일에 전념해야 되는 등을 알리는 교육이 필요하다. 즉 회사업무 전반에 대한 지식과 기능의 기초를 가르치고 자기 기업인으로써의 자세, 태도를 습득하는 교육과정을 말한다.

교육훈련의 대상을 감독자 층에 두고 경영효율을 높이는 각종 회사의 지침이나 전문지식을 교육하는 훈련은 감독자 훈련이다. 이 교육은 회사의 경영이나 이념, 인사관리 방향, 복지 등의 일반적인 내용과 회사의 중간관리자층으로써의 생산, 직능, 원가 등의 관리교육, 부하의 통솔력, 인간관계, 인사고과의 기본방법 등

의 리더십 교육을 비롯해 직무평가 그리고 동작연구 등의 기술교육 등을 포함한 교육이다.

관리자 교육은 관리자를 리더로써의 필요한 제반 교육을 실시하는 것이며, 이에는 ① 관리의 기본적 사고, 조직원칙, ② 직무활당의 개선, 작업의 수행기준, ③ 계획, 지시, 통제 조정, ④ 부하의 훈련을 작업의 관리, 관리능력 배양, ⑤ 부하와의 관계, 인사문제, 태도개발, 직장의 사기 앙양 등의 내용을 포함한다.

반면에 경영자 훈련은 의사결정의 당사자로서 가져야 할 제반 업무상의 지식을 교육하는 것으로 ① 사례연구, ② 모의연습, ③ 브레인 스토밍(brain storming) 기법의 습득, ④ 집단토의, ⑤ 잡로테이션(job rotation) 등의 방법을 통해 관리자로써의 필요한 경영이념, 철학 리더십 등을 훈련하는 교육이다.

7 임금관리

임금이란 종사원의 업무수행 대가로 지급되는 것으로 시간급, 일당, 주급, 월급 연봉 등의 방법으로 지급된다. 임금은 종사원의 사기와 업무능률에 직접적인 연관관계를 갖는 것으로 그 중요성이 크다고 할 수 있다. 따라서 어느 정도의 임금을 종업원에 지급해야 되고 또 어떤 방법으로 지급되어야 하는 것 등의 합리적인 관리가 필요하다. 이의 내용으로는 지급능력, 근로자의 수급관계, 생산향상의 정도, 근로자의 생활비, 타사와 임금비교, 그리고 물가동향을 고려해야 할 것이고 이의 지급을 학력이나 근속연수, 연령 혹은 직무의 난이도 등을 고려한 직무급, 직무지식이나 자격 등을 고려한 직능급이 있다.

■ 표 노동임금의 목표와 임금관리의 목표와의 관계

노동관리의 목표	임금관리의 목표
노동력의 적절할 질 확보와 향상	1. 초임급 및 임금수준의 대사회적인 기능 내지 우위 (임금액) 2. 능력향상에 대한 자극(승급제도)
노동력의 재생산 확보	1. 표준생산비의 확보(임금액) 2. 노후의 생활유지(퇴직금)
경영내 사회관계의 안정 원활화 1. 경영에의 신뢰감 형성 2. 종업원간의 원활화	1. 임금수준의 대사회적 균형(임금액) 2. 수입의 안정(임금체계) 3. 경영사회 질서에 적합한 임금제도 1. 임금양차의 균형(기본급의 공정) 2. 임금 내지 단가의 표준작업량의 균형(능률급의 공정) 3. 승급, 상여 등의 사정의 공정
노사관계의 조정, 원활화	1. 임금베이스의 대사회적 균형 부가가치 배급의 공정(이익배분 등)

자료 : 정수영, 신경영학개론 p.327.

8 임금수준 및 체계

임금수준은 종사원에게 지급되는 임금의 평균수준을 말하며, 이는 기업, 산업 또는 직업 간에 비교되며 이 경우는 임금의 결정요인, 노동생산성, 노동시간 등이 고려되어야 할 것이다. 임금수준의 결정은 임금수준의 사회적 균형, 생계비 보장, 그리고 기업의 지급능력 등의 요인에 의해 결정된다. 임금은 일반노동시간에 대한 임금 즉 기준임금과 잔업이나 휴일 수당 등과 같은 기준 외 임금으로 구성된다. 또한 기본급과 생활보장급으로도 나눌 수 있다. 기본급은 종사원의 연령이나 학력 등을 기준으로 직무평가에 대한 직무급제도이고 생활보장급은 본인이외의 관계된 가족급을 말한다. 이 밖에도 지역의 특수성에 의해 요구되는 지역임금제도 그리고 퇴직 후의 노후에 필요한 생활보장 형태의 퇴직금 등의 제도가 있다.

9 임금형태

임금을 형태적으로 보면 시간급제, 능률급제, 그리고 특수임금제 등으로 구분할 수 있다. 시간급제란 종사원의 노동시간에 따라 지급되는 임금이고, 능률급제는 시간에 관계없이 종사원의 능률을 기초로 지급되는 임금으로 이는 성과급, 할증급 그리고 상여급제 등의 임금형태를 취한다.

성과급은 종사원의 작업량에 따라 지급되는 임금이고 할증급은 미리 작업의 표준시간을 정하고 과업이 표준시간 이상의 시간을 요한 경우는 일정한 시간급을 지급하고 또는 표준시간 이내에 완성한 경우에는 그 정략시간에 대한 일정능률의 추가임금을 지급하는 제도이다. 능률상여급제도는 능률의 정도에 따라 상여금을 지급하는 형태이며 능률자에게 더욱 많은 임금이 지급되는 제도이다.

이외에도 이미 정해진 일정한 임금 이외에 영업연도의 이윤의 일부를 종업원게 분배하는 이익분배제도 노사공동위원회를 마련하여 생산단위당의 노무비가 표준을 하회하는 경우에는 그 성과를 회사와 노무자에게 분배하는 스캔론 플랜(Scanlon plan), 생산성 향상을 노동자에 분배하는 럭커플랜(Rucker plan)과 일정기간 근속한 노무자에 대해서 해고된 경우일지라도 일정기간 동안 취업 중의 실수령임금의 일정률을 보장하는 연간보장급 제도 등이 있다.

또한 종사원 채용당시의 초임을 중심으로 근속연수에 따라 차등으로 지급되는 연공서열제가 있고, 또 직무분석에 따라 직무내용이 확정된 직무에 대해 직무평가를 하고 이에 따라 등급화된 직무등급화에 지급되는 임금제도인 직무급이 있다. 직무급은 1직급에 1임률의 형태로서 직급을 구분하지 않고 지급하는 개별직무급, 전부의 직무직계로 분류하여 일직계 1직급이 형태의 단일직무급, 직계마다 임금의 폭을 두는 범위 직무급 등이 있다.

10 복리후생

호텔에서 복리후생제도는 노무관리의 일환으로 종사원의 노동력 보전뿐만 아니라 일상에 걸친 생활의 유대를 통하여 종사원과 관련된 가족을 대상으로 정신적, 물질적 서비스를 제공하는 것을 말한다. 복리후생의 목표는 종사원의 복리증진의 효과차원도 있지만 호텔의 경영능률의 향상에 목적이 있다.

복리후생은 의료보험, 연금보험, 산업재해 보상보험, 그리고 실업보험 등의 법정복리 후생과 생활시설, 금융, 보건위생, 교육, 체육 및 오락 등에 관련한 법정 외 복리후생으로 나눌 수 있다.

표 법정 외 복리후생제도

복리후생제도의 종류	내용
공제금융제도	• 공제시책(경조관계부금, 재해 위로금) • 금융시책(각종 대부금, 사내예금 등)
문화체육시설	• 문화시책(오락실, 도서실, 사원클럽, 문화서클 등) • 체육시설(체육관, 운동장, 수영장 등)
보건 위생관계	• 진료시설(의무실, 진료소 등) • 보양시설(보양소, 휴양소 등) • 건강증진, 예방시책(건강검진, 건강상담 등)
생활경제관계	• 급식시설(사원식당, 식권 등) • 구매시설(매점, 물품안전 등) • 위생, 미용(이발, 미용실, 욕탕, 세탁소 등) • 장학, 육영(장학금, 육영자금 지급, 대부 등) • 생활지도(생활상담 등)
인간관계	• 인간관계 시설(카운셀링, 사원 생일축하 등) • 기타(여가 활동 등)
주택관계	• 주택시설(주택, 사원 숙소 등) • 주택소유 조성(주택 적립금, 주택건설 자금 융자 등) • 주택비 보조(주택 수당 지급 등)

11 안전 및 보건관리

　안전관리란 종사원의 안전규칙을 준수하고 이에 발생할 수 있는 사고나 위험을 방지 예방조치하는 관리이다. 이는 인명존중, 손실방지, 경제적 재산의 보호와 사고의 방지에 있다. 보건관리는 근로자의 정신적·육체적 건강 및 건강증진을 통해 질병의 예방, 조치를 통한 건강증진하여 종업원이 업무에 정진할 수 있도록 조치 관리하는 제도이다.

핵 심용어

인사고과(personnel appraisal, merit rating)

승급, 승격, 상여배분, 승진, 배치, 교육훈련 등 종업원의 개인의 처우나 능력개발 등에 활용하기 위해서 통상 1년 단위로 정기적으로 행해지는 종업원 평가, 직무 그것 자체의 분류순위를 정하여 직무에 필요한 능력이나 자격요건을 평가하는 직무평가와는 다르다. 고과항목은 직무수행도를 보는 업적고과, 직무수행능력의 신장도를 보는 능력고과, 직무수행태도를 보는 정의고과의 세 가지 고과가 일반적이다.

직무분석(job design)

직무의 내용을 기업목적을 효과적으로 달성함과 동시에 개인의 욕구도 충족시킬 수 있도록 설계하려는 것이다. 즉 직무설계란 직무를 수행하는 사람에게 의미와 만족을 부여하고자 하는 의도하에서 조직이 그 목표를 보다 효율적으로 수행할 수 있도록 일련의 작업군과 단위직무 내용 및 작업방법을 설계하는 활동이다. 그러므로 직업분석에 의하여 각 직무의 내용을 분석한 다음 그것에 영향을 미치는 인간적 조직적, 기계적 요소를 규명하여 전체 공정의 작업자에게 직무만족을 부여하고 또 생산성을 향상시킬 수 있는 작업방법을 결정하는 절차라고 할 수 있다.

직무기술서(job description)

기업에서 일하는 각각의 사람들이 담당하는 일의 구체적인 내용과 진행시키는 방법을 상세히 기술한 매뉴얼을 말한다. 직무기술서는 직무분석을 근거로 작성되고 내용은 각각의 직무의 주된 내용과 구성요소, 그것들의 직무에 어울린 담당자의 요건, 각각의 직무에 주어지는 권한과 직무 간의 관계를 명시한 것이다.

단체교섭(collective bargaining)

단체교섭이란 노동조합과 사용자 또는 사용단체가 양자의 단체적 자치를 전제로 하여 근로자의 임금이나 근로시간, 그밖의 근로조건에 관한 협약의 체결을 위해 대표자를 통해 집단적 타협을 모색하고 또 체결된 협약을 관리하는 절차이다. 따라서 근로자측에 있어서의 교섭의 주체가 노동조합이라는 하나의 단체라고 하는 데에 단체교섭이라 불리우는 이유가 있다. 그럼으로 그것은 이해가 대립하는 노동조합과 사용자 또는 그 단체간의 힘의 관계를 배경으로 하는 서로의 거래이다.

내부마케팅(internal marketing)

종업원을 고객으로 생각하고 이들 기업구성원과 기업간의 적절한 마케팅 의사전달체계를 유지함으로써 외부 고객들에게 보다 양질의 서비스를 제공하려는 기업활동.

호텔노사관계관리

제 **12** 장

호 · 텔 · 경 · 영 · 론

호텔노사관계관리

1 인간관계관리

　기업에 있어서 종사원은 기계주의적인 관리에 인간성을 소외 당해 온 경향이 있었다. 그러나 실제로 종사원의 업무의 성과는 인간적인 측면이 강조되는 데서 나온다고 볼 때 인간의 존재를 인식하고 인간적인 욕구나 인간활동의 이해를 통한 인간관계 관리의 중요성이 인식되고 있다. 특히 일반 제조산업과는 달리 비가시적인 서비스산업으로서의 종사원의 기업관계 관리는 더욱 의미가 있다고 할 수 있다. 종사원과 기업과의 관계가 원활할 때 직접 고객과의 접촉하는 종사원의 태도나 업무에 임하는 자세가 달라지기 때문이다. 따라서 기업은 종사원과의 관계관리를 긍정적으로 할 수 있게 해야 한다. 종사원을 단순히 작업자 혹은 단순히 업무를 수행하는 사람이라기보다는 같은 구성원으로서 상호협조하는 파트너로서의 인식은 중요한 의미를 갖는다고 할 수 있다.

　기업에 있어서 인간관계는 실제로 작업능률에 영향을 미치는 중심된 요인이 단순히 물적조건 뿐만이 아니라 종사원의 감정이나 종사원의 태도 그리고 종사원의 심리적 요건을 비롯해 종사원이 처한 사회적 관계 등이 더욱 중요하다고 할 수 있다. 특히 산업조직이 기술적 조직과 인간적 조직으로 구성되고 인간조직은 사회적 관계로 공식조직(formal organization)과 비공식조직(informal organization)으로 볼 때 비공식적 조직이 종사원에게 많은 영향을 미침을 알 수 있다. 따라서 기업의 경영관리에 있어서 이들의 중요성을 인식하는 것은 당연하다. 비공식조직은 조직의 구성원에게 귀속감과 안정감을 주고 공식조직의 경직성을 완화시키며 비공식조직은 공식지도자의 능력을 보완해 주는 역활을 할 수 있다. 또 구성원간의 유대와 협조를 통하여 업무의 능률성을 향상시켜 준다. 공식조직은 구성원의 지위와 책임이 명확하고 정해진 절차에 의해 특정 목적을 달성하기 위한 조직을 말하고 비공식조직은 공식조직 내에서 공통의 관심사나 취미에 따라 형성된 조직을 말한다. 기업의 이러한 인식은 집단에 영향을 미치는 요인을 인지하고 인간의 행동을 이해하고 설명하고 예측하는 행동과학으로의 의미로 된다.

기업은 종사원의 불만족요인을 제거하고 노동의욕의 유발을 자극하는 동기를 부여하는 것이 중요하다. 업무를 통한 만족감, 자아성취 등의 연구가 필요한 상황이다. 노동자를 단순히 피고용자로보다는 의사결정과정에 참여하게 하여 구성원의 존재를 인정하고 참여로부터의 만족, 사기를 높이는 반면, 일선 종사원의 의사를 적극 수용하는 참가자적 리더십과 이에 필요한 기술이 필요하다고 할 수 있다. 종사원과 매니저 간의 의사소통 시스템을 확충하여 원활한 인간관계를 구축하는 것이 중요하다. 이의 구체적 방법으로는 종업원 제안제도, 사전협의 제도 그리고 종사원간의 면접, 상담을 상시화함으로써 그들의 요구를 수용하고 종사원의 불만을 해소하고 이를 적극 개선하는 것이 필요하다. 이를 통하여 종사원의 업무의욕을 높이고 확고한 동기유발요인을 형성하여 그들이 책임감을 갖고 적극적으로 일할 수 있는 분위기를 만들어야 할 것이다. 이러한 목표는 인간의 기대욕구를 통한 동기유발을 하는 것으로 이해되는데 인간으로서 기본적인 생활유지욕구, 안정욕구, 그리고 인간 사이의 상호작용에 관련한 사회적 욕구 그리고 자아실현 욕구처럼 저차원욕구에서 고차원적 욕구를 해소하기 위한 기대를 실현하고자 하는 인간의 욕구를 실현함으로써 노동 및 일욕구를 일으키도록 해야 한다. 이로써 기업은 종사원이 자진해서 노력하게 영향력을 주고 또 특정한 목표를 달성하기 위해 인간상호간의 영향력으로서의 리더십의 기교를 발휘해야 한다.

2 노사관계관리

노사관계란 노동자와 사용자 간의 관계를 말한다. 현대에 있어서 노사관계는 법적으로 또는 사회적으로 대등한 관계로 인정받고 있으며, 이의 의미는 기업생산성이나 목적을 달성하는데 중요한 요소임을 의미한다. 노동자와 사용자 간의 책임과 의무의 관계이며, 기본적으로 노동자는 법적으로 단결권, 단체교섭권, 그리고 쟁의권 등의 노동3권이 보장되어 있다. 노사관계는 사용자에게는 최대의 생산목표를 달성하고 노동자의 경우는 노동의무를 지는데 최소한의 기본권이 보장됨으로 관리의 중요성이 있다.

노동조합은 노동자 조직의 대표조직이고 근로조건의 유지 개선을 위한 기구로서 동종 직종에 종사하는 근로자 중심의 직업별 노동조합, 산업의 근로자 전체가 조직하는 산업별 노동조합, 그리고 직업 또는 기업의 여하를 불문하고 동일지역에 있는 중소기업을 중심으로 결성되는 일반노동조합 등이 있다. 가입방법으로는 클로즈드 숍(closed shop), 오픈 숍(open shop) 그리고 유니온 숍(union shop)이 있다. 클로즈드 숍(closed shop)은 기업의 근로자 전원의 가입이 강제되며 회사가 종업원의 채용, 해고 등을 노동조합의 통제에 두고 노동조합원을 채용하여야 하는 제도이고, 오픈 숍(open shop)은 회사 즉 고용주가 조합원 이외의 비조합원도 고용이 가능하도록 하는 제도이다. 반면에 유니온 숍(uinion shop)은 고용주가 자유스럽게 비조합원도 채용할 수 있으나 채용 후에는 반드시 조합원으로 가입하게 하는 제도이다.

단체교섭권은 이는 사용자와 고용주 간에 임금, 근로시간, 그리고 전반적 근로조건을 협의 체결을 위해 단체적 협의나 타협을 이룬다. 노동쟁의는 이들 단체교섭의 내용이 원활히 타협이나 협의가 되지 않아 분쟁을 이루는 경우로 사보타지(sabortage), 스트라이크(strike), 보이코트(boycott), 피케팅(picketing) 등이 있고, 반면에 고용자는 직장을 폐쇄하거나 대체고용으로 맞설 수 있다.

1) 노사관계의 기본구조

노사관계란 노사간의 힘의 균형을 유지하고 쌍방의 이익을 목표로 하는 협력적 거래관계이다. 노사관계의 궁극적 목적은 산업평화적인 것에 의미를 둔다. 노사관계의 주체를 이루는 당사자는 노동자, 회사, 정부 그리고 국민이다. 이는 책임과 역할을 중심으로 서로 대등한 입장에서 쌍방의 이익을 목표로 하게 된다. 회사는 사용자로서의 역할, 노동자는 피사용자로서의 역할을 하게 될 것이며, 정부는 이들 간의 관계를 합리적으로 돕는 역할을 하게 된다. 노사관계는 협력적 관계와 대립적 관계, 개별적 관계와 집단적 관계, 그리고 경제적 관계와 사회적 관계의 양면성을 갖는다는 점에 특징이 있다. 노사관계가 기본적으로는 경제적 목적을 가진 반면, 한편으로는 구성원 간의 인간관계란 점에서 경제적 관계와 사회적 관계의 성격을 갖는다고 할 수 있다. 또한 노사관계는 근로자와 경영자 간의 종속관계에 있지만, 근로자는 노동력의 공급자로서 근로조건 결정과 운영에 사용자측과 대등한 관계라 할 수 있다.

2) 호텔 노사관계의 특성과 방향

호텔은 호텔이 규모면이나 노사관계의 역사 등을 감안할 때 일반 제조업이나 기타 업종과 다른 특성을 갖고 있다. 호텔에 있어서 상여, 퇴직, 봉사료 등을 통한 임금체계나 상대적으로 높은 이직률에 의한 노사협력이나 운영 등에 어려움을 갖게 된다. 이는 제조업이 고정된 임금체계가 시스템적인 면에서 호텔업과 다르다는 점이며, 높은 이직률에 의해 노사관계의 안정성이나 노조의 단결력 등에 영향을 미칠 수 있다. 호텔업이 일반적으로 짧은 경험으로 노조관계에 대한 이해가 부족할 수 있다는 점도 고려대상이다.

호텔부문의 관리체계 노사합의 등에 입각한 공정한 보상체계의 필요성, 종사원으로서의 긍지와 자부심의 배양으로 원만한 노사관계를 동하여 종사원의 직장의식과 조직충성도가 높아질 수 있는 노사관계의 수립이 중요하다고 할 수 있다.

따라서 종업원의 경영상의 참가기회의 제공, 경영방침의 올바른 이해의 분위기 제공, 노사간의 관계가 합리적 인간관계를 통한 의사소통의 기회제공, 직무수행에 있어서의 노사관계의 안정성 등이 필요하다고 할 수 있다.

표 호텔에 있어서 종사자의 이직 사유

종사자에 대한 고용주의 불만	고용주에 대한 종사자의 불만	독립적 동기	
해고	이의 사표제출	근무기한 만료	사직
• 만족스럽지 못한 업무 수행과 태도 불량 • 연속적인 결근이나 지각 • 계속되는 규칙 위반 • 복종심 부족 • 경제사정에 따른 일시해고 • 동료나 상사와의 인화 단결심 부족 • 알코올이나 약물중독 등의 개인적 습득 • 업무수행에 필요한 자질의 결여	• 봉급과 특급급여에 대한 불만 • 근무조건에 대한 불만: 보직근무시간 등 • 타 직장의 더 나은 대우에의 유혹에 의한 전직 • 근무상황과 불만에 대한 개인적인 적응력 • 성적 괴롭힘 • 부적절한 오리엔테이션이나 훈련 • 부적절한 업무: 업무에 실증을 느낀다거나 업무가 너무 어려울 경우 • 승진기회의 절망 • 업무의 안전성 결여	• 퇴직 • 일시적 계약만료 • 타사로의 전출 또는 승진	• 건강상의 이유 • 업무와 관련되지 않는 사고나 사망 • 군 입대 • 타 지방으로 이사 • 가사 • 작업전환 • 업무상 부상

자료 : 한국관광공사, 1999, p.5.

노사관계는 노사 파트너십으로 되어야 한다. 이는 가치와 실행원리로 구성되어 있는데, 가치는 호혜성, 신뢰와 존중, 참여와 협력으로 되고, 실행원리는 목표공유, 정보공유, 인적자원개발, 유연성과 안전성의 조화, 종사원 참여, 성과공유로 구성된다. 노사파트너십 실행원리는 고용안정 보장노력, 의사결정에 노동자의 의견반영, 분배의 공정성, 교육훈련 등이 포함된다.

노사관계의 발전은 ① 신분적 지배관계, ② 사용자 우위단계, ③ 노사대등관계, ④ 경쟁지향적 단계 즉 노사협조단계를 거쳐 왔다고 볼 수 있다.

3) 단체교섭

피고용자의 대표(보통 노동조합의 직원)와 고용주가 상호간에 만족할 만한 고용조건을 정할 목적으로 행하는 교섭을 말한다. 단체교섭의 범위는 임금률, 노동시간, 고용, 일시해고절차 등의 많은 중요한 문제서부터 휴식시간, 노동 후 피고용자에 허용되는 세탁과 경의(更衣)의 시간과 같은 세세한 부분까지 이르고 있다. 노동조합은 당초에 경제적 약자의 단결체로서 성립된 것이지만 단체교섭권이 법률에 의하여 보장됨으로써 하나의 사회세력으로서 자본가나 경영자에 대응할 능력을 갖추게 되었다. 오늘날 단체교섭권은 단결권·단체행동권과 함께 노동삼권으로서 법률의 보장을 받는 것이 보통이다. 단체교섭의 취급대상이 되는 것이 주로 임금·노동시간·조합원의 인사기준과 같은 노동조건과 밀접한 관계가 있는 것을 포함한다.

4) 단체교섭의 성격

단체교섭은 노동조합과 사용자대표 간에 쌍방적 결정의 성격을 갖고 단체교섭은 이 자체가 목적이나 귀결점이 아닌 과정으로 이해된다. 즉 단체교섭을 통해서 단체협약이라는 규범을 탄생시키며 이 단체협약이 목적이나 귀결점이고 단체교섭은 이러한 목적을 향해 나가는 일련의 과정으로 볼 수 있다. 이처럼 노사가 서로 상반되는 주장을 다양한 수단과 방법을 통해 타결점을 찾으려는 협약상의 과정을 말한다.

버틀러는 단체교섭의 성격을 사회적 변화에 대한 적응, 갈등의 평화적 해소 및 대립당사자의 권리의무의 설정으로 보았으며, 허킨스는 단체교섭의 일방적 기능을 시장기능과 경영기능으로 보았다.

5) 노동3권

(1) 단결권

단결권은 근로자가 근로조건을 유지·개선하기 위하여 단결할 수 있는 권리. 근로조건의 향상을 도모하기 위하여 근로자와 그 단체에게 부여된 단결의 조직 및 활동을 위시하여 단결체에 가입 및 단결체의 존립 보호를 위한 헌법상의 권리를 말하며, 단체교섭권·단체행동권(쟁의권)과 함께 근로기본권(노동기본권)이라고 한다. 단결권은 조직화된 이해의 대립을 전제로 하여 근로자들의 민주적이고 자주적인 단결을 그 보장내용으로 하고 있다.

(2) 단체교섭권

두산백과의 의미를 빌리면 단체교섭권(團體交涉權)이라 함은 경제적 약자인 근로자가 노동조합(勞動組合)을 통하여 경제적 강자인 사용자와 근로조건의 유지·개선에 관하여 교섭하는 권리를 말한다. 근로조건의 유지·개선에 관한 교섭이라는 점에서 사용자와 사업장 내 종업원대표 사이에 생산성(生産性) 향상이나 근로자의 복지증진(福祉增進)에 관하여 협의하는 근로자참여 및 협력증진에 관한 법률상의 노사협의제와 구별된다. 단체교섭권은 단체교섭을 전제로 하지 않은 단결이나 쟁의행위가 무의미하다는 점에서 집단적 노사관계의 중심적 권리라고 할 수 있다.

(3) 단체행동권

단체행동권(團體行動權)이라 함은 경제적 약자인 근로자가 강자인 사용자에 대항하여 근로조건의 유지·개선을 위하여 파업(罷業)·태업(怠業)·시위운동(示威運動) 등의 단체적 행동을 할 수 있는 권리를 말한다. 즉 단체행동권은 단결체의 존립과 목적활동을 실력으로 관철하기 위한 근로자의 투쟁수단으로서 인정된 권리이다.

핵 심용어

공식조직(formal organization)

공식조직이라 함은 사회를 구성하는 기본적인 제도적 단위를 말한다. 공식조직은 어떤 목적을 위한 의식적 · 인위적 조직으로서 정부. 국회. 법원. 기업. 노동조합 · 대학교 · 교회 · 사찰 등이 그 예이다. 공식조직 중에서도 강제적 조직(징병제의 군대 · 교도소 등), 공리적 조직(회사 · 노동조합 등), 규범적 조직(학교 · 정당 · 교회 등) 등으로 분류하고 있다.

비공식조직(informal organization)

비공식조직은 공통의 목적도 명확하고 강제적인 구조관계도 가지지 않는다. 직장에서의 마음맞는 동료들과 또는 마을의 동년배 등이 만드는 친목회 또는 정당후보를 위한 후원회 등의 비공식조직은 인간집단의 공통의 태도 · 관습 · 이해 · 가치를 창출하며 이것이 강제되는 법보다는 개인의 행동을 규제하는 규범이 된다. 비공식조직의 각 개인은 집단에의 귀속감이나 안정감의 욕구를 충족시키기 위해 집단의 비공식적 규범에 따라 행동하게 된다.

행동과학(behavioral science)

인간행동의 일반법칙을 체계적으로 구명하여, 그 법칙성을 정립함으로써 사회의 계획적인 제어나 관리를 위한 기술을 개발하고자 하는 과학적 동향의 총칭이다.

'행동과학'이라는 용어는 1940년대 말에 심리학자 J.G. 밀러를 중심으로 한 시카고대학의 과학자 팀이 처음으로 사용하였다. 이후 1950년대에 포드재단(財團)으로부터 연구비를 지원받은 미국의 한 과학그룹이 행동과학 계획(behavioral science program)에 따라 연구를 추진한 데서 일반화되었다.

행동과학에서는 실질적으로 심리학 · 사회학 · 인류학의 3자가 중핵(中核)이 되며, 한편으로는 생리학 · 정신병학 등 자연과학에 가까운 분야, 다른 한편에서는 정치학 · 경제학 등 사회과학 분야에 속하는 문제를 다룬다. 가치의 문제, 의사결정의 문제, 기업조직의 문제, 이질문화와 접촉문제 등 종래의 개별과학에서는 충분히 다룰 수 없었던 중간적 영역에 대한 연구의 필요에서 이들 제과학의 협동작업을 중시하게 된 것이 행동과학 그룹이 결성된 객관적 근거이다.

자아실현 욕구(self-actualization)

인간의 기본욕구 가운데 최고급 욕구로, 자신의 잠재적 능력을 최대한 개발해 이를 구현하고자 하는 욕구를 말한다. 매슬로(A. H. Maslow)는 인간의 기본욕구를 생리적 욕구 · 안전욕구 · 소속 욕구 · 존경욕구 · 자아실현 욕구의 다섯 가지로 나누고, 이들 욕구는 충족 여부에 따라 아래위로 움직이는 계층을 이루고 있다고 가정한다.

리더십(leardership)

조직의 목적을 달성하기 위해 구성원들을 일정한 방향으로 이끌어 성과를 창출하는 능력이다. 앨런 케이스(Alan Keith)에 따르면 "리더십은 궁극적으로 대단한 일을 일으키는 데에 사람들이 공헌할 수 있게 하는 방법을 만들어내는 데 대한 것이다."라고 정의하기도 한다. 리더십은 조직환경에 가장 중요한 관점 가운데 하나로 남아 있다. 그러나 리더십의 정의는 상황에 따라 달라질 수 있다. 일반적으로 지도력은 조직의 문제점을 개선하고, 조직이 환경변화에 적응하도록 하며, 구성원에게 동기를 부여하는 등의 기능을 가진다.

단체교섭권

근로조건의 유지 · 개선과 경제적 · 사회적 지위향상을 위해서 사용자와 교섭하는 권리이며, 단체교섭의 주체는 원칙적으로 '노동조합'이 된다. 노동조합이 정당한 단체교섭을 요구할 때 사용자가 이에 불응하는 경우, 근로자는 손해배상청구권을 행사할 수 있으며 부당노동행위가 성립되어 쟁의행위가 정당화된다. 단체교섭권을 행사하여도 제대로 목표를 달성할 수 없을 때, 노동조합은 유리한 조건으로 단체협약을 체결하고자 단체행동권을 행사하게 된다. 근로조건의 유지 · 개선에 관한 교섭이라는 점에서 사용자와 사업장 내 종업원대표 사이에 생산성(生産性) 향상이나 근로자의 복지증진(福祉增進)에 관하여 협의하는 근로자참여 및 협력증진에 관한 법률상의 노사협의제와 구별된다. 단체교섭권은 단체교섭을 전제로 하지 않은 단결이나 쟁의행위가 무의미하다는 점에서 집단적 노사관계의 중심적 권리라고 할 수 있다.

노동쟁의(labor dispute)

노동쟁의란 임금 · 근로시간 · 복지 · 해고 기타 대우 등 근로조건에 관한 노동관계 당사자 간의 주장의 불일치로 일어나는 분쟁상태(노동조합 및 노동관계조정법 제2조 제5호)를 말한다. 이는 파업 · 태업 · 직장폐쇄 기타 노동관계 당사자가 주장을 관철할 목적으로 행하는 행위와 이에 대항하는 행위로서 업무의 정상적인 운영을 저해하는 행위인 쟁의행위와 구별되며, 일과시간 후의 농성과 같은 근로자의 집단행위인 '단체행동'과도 구별된다.

사보타지(sabortage)

태업, 동맹파업과는 달리 조합원이 출근 · 취업하면서 생산능률을 저하시키는 쟁의전술. 서구에서는 기계를 부순다거나 하는 등의 적극적인 기업의 업무방해를 포함하는 넓은 의미로 사용되고 있다.

프랑스어의 사보(sabot ; 나막신)에서 나온 말로 중세 유럽 농민들이 영주의 부당한 처사에 항의해 수확물을 사보로 짓밟는 데서 연유했다. 우리나라에서는 흔히 태업(怠業)이라고 번역되는데 실제로는 태업보다 범위가 넓다. 태업은 노동자가 고용주에 대해 형식적으로는 일을 하면서 몰래 작업능률을 저하시키는 것을 말하지만, 사보타지는 쟁의중에 기계나 원료를 고의적으로 파손하는 행위도 포함된다.

스트라이크(strike)

노동조건의 유지 및 개선을 위하여, 또는 어떤 정치적 목적을 달성하고자 노동자들이 집단적으로 한꺼번에 작업을 중지하는 일

보이코트(boycott)

요구나 부탁을 거절하거나 거부하는 일로 19세기 말엽 아일랜드에서 일어난 농민운동. 대위로 퇴역한 후 대지주의 토지관리인이 된 보이콧에게 농민들은 그의 토지를 경작하는 것을, 상인들은 상품을 파는 것을, 우편집배원과 마부(馬夫)들은 봉사하는 것을 거부하는 것으로부터 시작되어, 점차 대중운동으로 진행되면서 귀족들의 장원(莊園) 방화 · 암살 · 토지 문서 소각 투쟁 따위로 확산되었다.

피케팅(picketing)

노동쟁의 때에, 조합원들이 공장이나 사업장의 출입구에 늘어서거나 스크럼을 짜서 파업의 방해자를 막고 동료 가운데 변절자를 감시하는 일

호텔경영정보시스템

제 13 장

호 · 텔 · 경 · 영 · 론

정보(information)의 사전적인 의미는 '생활주체와 외부의 객체 사이에 사정이나 정황의 보고(報告)'를 말한다. '정보'는 추상적인 차원에서 다양하게 정의할 수있는데, 광의의 정의로서 정보는 '물질-에너지의 시간적·공간적, 정성(定性)적·정량적인 패턴'(吉田, 1990)으로서 존재하고 현상이 일어날 가능성에 대해서 선택적인 지정을 함으로써 확률적으로 시스템의 불확실성을 감소시키는 것이다. 이러한 정보이론의 관점에서 보면 '정보란 다수의 가능성을 포함한 미(未)정리 상태속에서 하나 또는 소수개의 가능성을 지정하는 것'(村上, 1997)으로 생각할 수 있다. 또한 사이버네틱 이론의 관점에서 보면 정보는 주체가 환경간에 교환하는 요소의 일부로 직재(直裁)적으로는 '정보란 환경으로부터의 자극이다'(가토우(加藤), 1972)라고 정의할 수도 있다. 이것과는 달리 정보(information)란 데이터(data)를특정의 목적이나 문제해결에 도움이 되도록 편집한 것으로 이 정보에 더욱 고도의 편집을 하여 보편화한 것은 '지식(knowledge)'이나 '지혜(wisdom)'라고 할 수있을 것이다.

정보는 이처럼 의미있고 가치 있는 자료로서 의사결정자에게 영향을 줄 수 있는 것이다. 경영정보시스템(management information system)은 기업의 조직에 대하여 거래질서를 제공하고 경영진의 의사결정, 통제 그리고 결정을 돕는 자료로서 커뮤니케이션적 기능으로 이해된다. 경영정보를 처리하는 시스템적 기능이오늘날에는 경영정보를 분류저장하고 기술적으로 분배하는 과학적 경영시스템으로 된다.

호텔에 있어서 경영정보시스템은 호텔에서 행해져야 하는 각종 업무의 수행에 있어서 기계적 기능을 이용하여 비용을 절감하게 할 뿐만 아니라 업무의 정확도나 신속도를 높여주고 포괄적인 정보를 경영진에게 제공하게 된다. 복잡다대한 자료를 단순 명료하게 정리하여 이를 의사결정자에게 필요한 자료로 제공하게 된다. 통합된 호텔 정보시스템은 경영층에게 판매관리부서와 후방부서의 활동들을 감시하고 통제하는데 효과적인 도움을 제공한다. 호텔정보시스템의 부분으로 기능하기보다는 일부 자동화 시스템들은 호텔정보시스템에 공유될 수 있는 독립된 기기로서 효과적인 업무수행을 하고 있다. 공유(연결)영역은 호텔정보시스템으로 하여금 호텔정보시스템의 주요 구조에 영향을 미치지 않고 독립된 시스템들에 의해 처리된 데이터와 정보를 획득할 수 있게 해준다. 수작업에 의해 생길 수 있는 오류나 오기 등의 문제가 없고 업무의 효율이나 신속 그리고 능률적이 되기 때문에 고객의 편익을 제공하는 경우도 된다.

1 기능

호텔정보시스템의 기능은 호텔예약, 수납, 고객원장에의 전기하는 회계, 하우스 키핑(house keeping), 전화교환, 안전, 경비, 급여, 재고관리, 재무제표작성, 에너지 관리 등의 기능을 할 수 있다. 이밖에도 객실의 상태, 웨이크 업 콜(wake up call), 메시지, 출입통제, 절전, 티브이 등의 업무를 컴퓨터를 통하여 이를 통제 수행하는 기능을 한다.

호텔의 업무 중 자동관리 시스템으로 예약관리, 객실관리, 회계관리의 업무를 수행하는데 구체적 내용으로는 check in 그리고 check out의 카운터 업무, group 고객의 관리, cashier의 매출명세표 그리고 매출집계 및 보고 등의 업무를 수행한다. 이러한 업무를 수행하는데 제반 필요로 한 계산 및 정산이 자동으로 처리되며 정확성과 신속성을 기할 수 있다. 손님이 check in해서 check out까지의 각 업종에서 이용에 관련한 자료가 손님이 check out 시점에 정산이 가능하도록 조치된다.

예약업무에는 ① 고객명단 확보 및 이용객실 배정, ② 예약문의, ③ 거래자료의 명기, ④ 예약내용의 확인, ⑤ 예약기록의 보존 등이 있다.

객실관련 업무는 호텔객실관리는 고객의 방을 배정하고 또 관리하는데 필요하다. 현재 사용 중인 방, 청소 중인 방, 보수 중인 방, 현재 비어 있는 방, 고객이 묶고 있는 방 등의 다양한 형태의 방의 상태를 체크할 수 있고 그것을 관리 할 수 있도록 되어 있다. 객실상태를 알 수 있고, 이를 배정할 수 있고 없는 방의 구분이 가능하며, 그 밖에 객실고객의 정보, 자동실내서비스 그리고 하우스 키핑 등의 업무를 수행할 수 있다. 따라서 이에 관련된 제반 서류 즉 고객정보 목록, 객실보고서, 판매예측, 하우스키핑 상태 목록작성, 생산성 평가, 정비상태의 보고서 작성 등의 업무를 수행한다. 또한 경영정보시스템은 재무분석, 경영통계, 각종 보고서 작성, 객실점유율, 예산, 급료, 객실, 식음료 등의 판매보고서, 재고, 재무제표 안전시스템 점검 및 보고 등이다.

이와 같은 업무의 수행으로 신속하고 능률적안 업무의 처리가 가능하게 되고 고객에게는 빠른 서비스를 제공하게 되고 노동력의 향상을 기함으로써 노동비용을 절감하는 효과를 가져오게 한다. 또한 ① 업무상의 착오를 줄일 수 있다. ② 계산 내용을 정확히 할 수 있다. ③ 전반적 업무의 흐름을 한눈에 파악할 수 있다. ④ 회계상태를 관리할 수 있다. ⑤ 신속하고 빠른 서비스 제공이 가능하게 한다. ⑥ 예측을 가능하게 한다. ⑦ 예약기록 관리, ⑧ 객실상태의 수시파악 가능, ⑨ 자동화된 객실관리, ⑩ 재무정보관리로 자금운용의 효율성 기대, ⑪ 적시에 필요한 자료 수시 연람 및 이용가능을 가능하게 한다.

2 프론트오피스에 있어서 정보시스템

1) 객실관리

① 객실정보확인 및 객실상황 체크
② 객실검열 및 배정
③ 고객정보를 호텔 내에 제공
④ 청소대상 객실 예측, 근무스케줄 작성, 종사원의 근무생산능력 측정을 비롯한 하우스키핑 업무보조
⑤ 객실에서 사용하는 매체와 연결되어 고객이 사용하는 내역을 조정할 수 있다.
⑥ 객실의 이용여부와 객실의 청소상태 확인
⑦ 투숙객 정보의 활용

2) 고객계정

고객이 체크인 후 호텔의 자산을 사용하는 내역을 정리할 수 있는 계정번호를 부여하게 되고 자세한 내역은 폴리오(folio)로 고객이 체크아웃(check out)시 일괄 정산하도록 정리된다. 이때 폴리오(folio)에는 계정번호, 체크인(check in), 체크아웃(check put) 날짜, 투숙한 고객 수 그리고 체크인 또는 체크아웃 담당 직원 코드가 포함된다. 이 폴리오에는 front desk 식당에서 사용하는 POS기기를 통해 호텔자산 사용내역이 자동으로 기재되고 봉사료 부가세 등도 포함하여 계산된다.

night auditor는 일일 마감을 통해 morning report를 작성하게 되고 이는 경영자들이 참고할 수 있는 일일 매출정보 또는 전반적인 경영정보 보고서로 된다. 이처럼 야간 감사업무의 기능을 수행하고 또 회계마감을 근거자료를 기초로 고객이 순응할 수 있는 제반 시스템을 구축하는 업무를 수행하게 된다.

■ 표 front office와 back office 시스템

front office 시스템	back office 시스템
• 예약등급에 의한 효율적인 객실관리 • no-show 분석 및 취소여부 파악으로 공실의 극소화 • 단골고객 분석에 의한 고객관리 • check in 시간단축 및 정확성으로 인한 서비스 향상 • 투숙객현황 상시파악 • 명세서의 계산, 검색시간 단축 • 즉시 원장전기로 도난 방비 check out시 계산의 신속성 및 정확성 • 각종정보업무의 신속성 • 의사소통의 개선 • front 담당직원의 사기 진작	• 현금흐름의 즉시 파악 • 경영정보제공의 신속, 정확한 의사결정 • 누적자료에 의한 경영분석 및 예측 • 정확한 원가관리에 의한 상품경쟁력 향상 • 악성 미수금의 현황 수시파악 가능 • 관리효율의 증진 • 고객원장의 실시간 기록 • 강력한 내부통제를 가능케 함 • 개선된 정보에 의한 합리적 업무관리 • 야간 감사업무의 향상 • 포괄적인 경영보고서 산출가능

3 자동화시스템

1) 인터페이스 시스템

인터페이스 시스템은 호텔정보시스템 중에서 호텔정보 서비스 수준을 비교 할 수 있는 시스템으로 고객이 이용하는 편의시설 사용과 프론트시스템과의 연계 시스템 구축으로 다음의 내용이 구축된다.

① POS기기와 프론트오피스(front office) 시스템간의 자료 전송
② 객실 및 사무실에서 사용하는 기기의 사용과 프론트오피스(front office) 시스템간의 자료 전송
③ 하우스키핑(housekeeping)과 프론트오피스(front office) 간의 자료 전송
④ 잠금장치와 프론트오피스(front office) 간의 자료 전송

⑤ 냉온방기구의 사용과 프론트오피스(front office) 간의 자료전송

⑥ 웨이크업 콜(wake up call) 사용과 프론트오피스(front office)간의 자료 전송

고객의 호텔상품 사용내역의 프론트에로의 자료전송 업장관리의 업무를 수행하고, 전화요금 산출(calling Accounting System), 전자잠금 시스템(Electric Locking System), 에너지관리 시스템을 비롯해 morning call system, voice mail system, calling name display system 등의 고객서비스 시스템 등의 업무수행이 이 자동화 시스템으로 편리하고 효율적으로 사용된다.

고객셀프 시스템은 고객 스스로 정보시스템을 이용해서 호텔시설을 이용할 수 있는 시스템이다. self check in, self check out system, 객실내 영화 시스템, 객실 내 소형 냉장고 시스템, 객실 내 소형 safety box system, 고객정보시스템 등이다.

2) 업장관리 시스템

(1) 하드웨어 식음료관리 시스템

식음료의 주문 및 서비스 그리고 값을 지급할 때 등에 필요한 업무의 처리를 위한 자동화 시스템으로 키보드가 호텔업장 기능에 적합하도록 사용자에 의해 프로그램화되는 기능을 가진 소프트 키(soft key), 그리고 POS기 개발자에 의해 정리되어진 프로그램 기능을 가진 하드 키(hard key)로 구성된다. 이들은 업장의 업무를 효율적으로 수행할 수 있도록 자동화되어 기능하도록 되어 있다.

메뉴키와 가격키를 사용하여 주문내용 입력이 가능하고 수정키를 통해 고객의 주문에 의한 음식의 조리방법을 입력할 수 있으며 숫자판의 기능키와 계산키를 통해 필요 가능한 자료를 입력할 수 있다.

메뉴키를 통해 입력된 자료는 각 해당 부서로 전달되어 식음료를 준비하고 조리하도록 연결된다. 가격키는 가격을 표시하는 자판기로 말은 종류의 경우는 이를 코드를 지정함으로 이를 쉽게 처리할 수 있도록 한다. 기능키는 종업원이 종

업원이 업무를 처리하는데 이를 도와주는 자판기이며, 계산키는 값을 계산할 때 사용되는 자판기이다. 수정키는 종업원이 주문된 내용을 입력하여 주방으로 전송되며 수정자판은 주방에 설치된 인쇄기나 비디오 디스플레이어에 조리지시를 보내는 자판기이다. 또한 숫자자판이 있는데 이를 통해 캐셔의 계산을 돕는다.

POS의 압무용 모니터는 조업원과 캐셔 등이 업무를 진행하기 위해 사용되는 장치이고 고객용 모니터는 케셔가 계산시 계산 금액을 보여준다. printer는 slip printer, kitchen printer와 journal printer가 있는데, slip printer는 고객영수증 출료용이고, kitchen은 주방에서 사용되고 journal printer는 일일매출에서 월매출통계까지의 누적으로 처리되며 감사용으로 사용된다.

(2) 소프트웨어 식음료관리 시스템

소프트웨어 시스템으로는 조리법관리, 판매분석, 메뉴관리 등이다. 조리법관리는 원자재관리, 표준조리법 관리, 메뉴품목관리 파일이 있다. 원자재관리 파일은 조리에 필요한 많은 재료의 관리가 필요한데, 원자재 코드번호, 구매단위 원가, 지급원가, 조리원가 등의 각 재료에 대한 구매된 자료조리에 소요되는 비용 등의 산정이 필요하다. 이들의 자료를 정리 소유함으로 재고자료 등의 원가관리 파일이다.

표준조리법 관리 파일은 모든 메뉴에 대한 조리법이 적시되어 있고 이의 기능은 조리시 품목원가, 메뉴판매원가, 식사원가율 등이 원가를 초과하는지를 알게되고 이의 컨트롤이 가능케 한다. 이 파일은 또한 소모된 자료나 재고품목 등이 조정되어 자동구매 시스템 제도로 된다. 특히 주방요원을 위한 다양한 조리법 자료 표준조리법을 이용한 유동성을 확보할 수 있게 하는 다양한 자료들로 합리적인 경영관리를 가능하게 하는데 도움을 준다.

메뉴품목별 관리 파일은 이 파일은 판매된 품목수에 대한 기록이 저장되며 고객에게 제공된 실제메뉴의 숫자를 메뉴품목파일에 저장되어 업장을 관리할 수 있는 자료로 사용된다. 품목인식번호, 레시피 코드, 판매가, 재료사용량 등의 자료는 경영층이 원자재 구입이나 판매분석 자료로도 사용된다.

① 판매분석

업장에 있어서 운영자료로는 메뉴계획, 판매예측, 가격결정, 원자재구매, 재고 조정, 근무스케줄관리, 급여관리 등의 필요하다. 또한 일일 판매보고서는 순매출 액, 세금, 테이블 회전수, 고객당 금액, 부문별 매출액을 알 수 있을 뿐만 아니라 기간별 누적 판매나, 기타 메뉴품목에 대한 분석, 매출분석이 가능한 경영자료를 제공하게 된다.

② 메뉴관리

준비한 모든 메뉴가 고객의 기호나 선호도에서 다양한 차이를 낳는다. 선호도 가 높은 것도 또한 선호도가 낮은 것도 있다. 이러한 상황이 축적된 자료를 통해 서 정리되고 경영자가 이를 선호도가 높은 것은 장려하고 선호도가 낮은 것은 대 체하는 방식을 취할 수 있게 한다. 자동으로 축적 정리된 자료는 데이터베이스를 가능하게 하고 메뉴관리로 이어진다. 입력된 자료를 통해 메뉴품목의 선호도와 수익성이 파악되고 품목에 따른 가격의 유지와 판매 등의 지표로 활용된다. 이의 자료는 총매출과 비용을 중심으로 이익이나 손실을 알 수 있고 메뉴품목의 기여 도나 중요성을 알 수 있게 한다. 자료는 판매가격, 비용, 이윤, 판매량 그리고 메 뉴 할당률에 기초로 하여 총매출액, 평균만매가격, 최저판매가격, 최저최고비용, 총이윤, 평균이익 등으로 경영자가 영업목표를 계획한 매출액 평가를 가능하게 한다.

③ Back Office System

정보시스템의 역할로 일반 수작업을 통한 업무보다도 신속하고 필요한 정보의 저장이 가능하여 적정한 시기에 적절히 사용될 수 있다. 특히 중요한 것은 판매 정보나 홍보정보가 정보시스템에 의한 각종 신기술적인 전달체계나 홍보수단으로 고객에게 신속히 전달이 가능하고 또한 업무수행상의 오류나 지연 등의 문제를 해결하는 역할을 할 수 있다. 이는 노동의 생산성을 높이고 노동비를 절감함으로써 경영상의 이익을 가져오게 한다. 이러한 자동화시스템은 판촉이나 이윤관리 등을 용이하고 유용하게 할 수 있다.

정보시스템을 통한 자동화는 고객과의 의사소통을 가능하게하고 편리하게 판매촉진을 가능하게 한다. 객실예약 조정이 가능하고 예약기록의 변동에 신속하게 자료의 기록과 보관이 용이하게 한다. 업무담당자가 객실정보에 신속 정확하게 접근을 가능하게 하며, 특히 예약의 변동이나 정보입수이나 업무수행에 수월성이 보장되도록 한다. 연회판촉의 경우 업무담당자가 Banquet event order에 기재하고 이는 담당책임자나 또는 연회 실무담당자에게 자동으로 전해져 연회 업무를 수행하도록 조치된다. 이 리스트에 수정, 변경 그리고 취소가 가능하게 하고 예상매출액의 산출도 가능하다. 예약의 가능 여부나 정보가 고객과의 피드백이 가능하도록 조치되며 예약기간, 계약사항 그리고 기타 연회기록의 보존도 가능하게 하는 시스템이다.

일별, 월별 등으로 변경된 자료의 보관이나 이용이 편리하도록 조치되며 수작업으로의 번거로움이나 체계적 또는 신속성이 보장된다. 특히 업무의 인수 인계나 수시로 이뤄지는 변경사항의 전달이 체계적으로 수월하게 한다. 고객의 기록도 수작업을 통한 것보다 훨씬 효과적으로 구별, 보관, 전달 등을 가능하게 한다.

수요가 예상되는 객실의 공급, 조정을 기초로 객실단가의 조정 등이 가능하며 객실점유율을 최대화하는 데도 도움이 된다. 호텔에 있어서 객실, 연회, 식음료 또는 각종 이벤트의 통계, 분석 비교분석 등의 자료 산출에도 도움이 된다.

표 호텔정보시스템의 구조

시스템 유형	직무내용	정보시스템 활용내용
PMS (front office)	예약	객실고객 및 업장고객의 예약
	front cashier	객실고객의 check out을 수행 환전업무수행
	front clerk	객실고객의 check in 수행
	house keeping	객실청소 상태 점검 객실고객 정보관리
	bell desk	메시지를 출력하여 고객에게 전달
	교환실	각종 안내서비스를 수행한다. morning call,´ voice mail service 수행
	마케팅	객실수요예측
	경영진	실시간 객실현황관리
back office system	인사, 급여	호텔직원 전체의 인사 및 급여업무수행
	경리, 회계	매출 매입관리를 수행
	고객관리	호텔고객들의 정보관리
	원가관리	호텔관리에 필요한 비용분석
	검수, 구매	긱음료 및 자재의 구매, 검수 수행
	시설관리	호텔시설 관리 업무 수행
	경영진	경영성과 분석 및 경영전략에 필요한 정보수집
업장관리 시스템 (POS)	주방	고객의 주문이 신속히 전달되어 조리된다. recipe(조리법)관리
	레스토랑	고객의 주문내역이 주방에 자동으로 전달 객실고객의 영수증을 구분해서 처리한다. 계산서 발급 고객신상에 대한 정보제공
인터페이스	전화요금관리	객실고객의 전화사용에 대한 내역 및 요금을 산출한다.
	에너지 관리	객실에 설치된 전열, 냉난방 등 에너지를 중앙에서 관리
	전자key관리	마그네틱장치에 의한 객실문을 관리
	internet	고객이 객실에서 인터넷 검색 및 전자우편을 사용케 한다.
	mini bar	고객이 객실 냉장고에서 구매한 요금내역을 산출
	voice mail	고객의 객실부재시 상대방 음성으로 메시지가 전달된다.

	비디오 상영	고객이 원하는 영화를 제공하며 자동으로 요금을 부과한다.
	고객이름 호출	고객이 객실에서 전화를 걸면 객실번호와 이름이 표시되어 고객의 이름을 호칭한다.
	영수증 검색	객실내의 상황판을 통해 사용내역 및 요금을 볼 수 있다.

자료, 허정봉 · 김경환, p.435.

3) 호텔경영관리

호텔업무 중 경리회계시스템은 수납, 지급, 인벤토리(inventory), 구매, 재무리포트 등이 있는데, 회계처리, 계산서, 거래처, 그리고 감사에 필요한 제반 회계자료의 업무수행에 있어서 통제 및 감시의 기능을 수행할 수 있다. 이러한 업무의 처리는 경영층의 업무관리 및 조절 또는 경영상의 기초자료로 사용될 수 있다. 매입대금 지급 및 외상, 송장, 수표발행 업무의 관장을 한다. 이밖에 외상매출, 매입금 등을 관리함으로 호텔경영실적을 용이하게 분석함으로써 이를 토대로 경영관리 수행을 가능하게 한다. 종사원 급여, 보너스 그리고 세무보고업무 등이 자동화시스템으로 가능하며 급여지급 금융기관과 연계하여 업무처리가 가능하며 경리 또는 회계시스템 자료를 구비하게 한다. 이밖에 퇴직급여 정산 및 계산 그리고 이에 관련한 세금정산 및 공제 등의 업무도 수행이 가능하다.

또한 구매나 재고관리에 필요한 제반 자료의 입출고 자료 기록 물품명 구입일자 등의 자료가 기록 보관된다. 특히 구매 주문요청, 적절한 구매시기 등을 조절 통제하고 재고품목의 잔여량 조사, 구입물품의 검수의 진행을 돕는다.

그림 관리업무 자료흐름 시스템 요약도

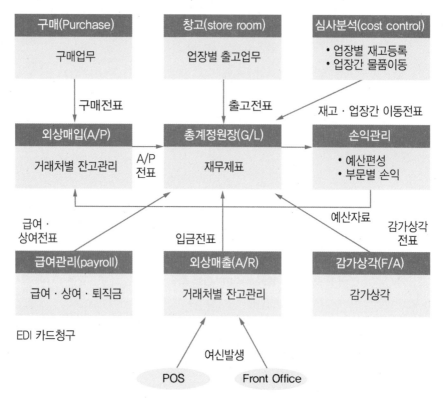

자료 : 허정봉 · 송대근, 호텔경영의 만남, 2007, p.325.

핵 심용어

정보

인간의 판단이나 행동에 필요한, 또는 실정에 대하여 알고 있는 지식. 내용정보라는 용어는
영어의 'information'이 우리말화한 것으로서 국내에서는 1960년대 이후에야 본격적으로
사용되기 시작하였으며, 서양에서도 1940년대 이전의 문헌에는 거의 나타나지 않는 용어였
다. 정보의 정의를 위한 시도는 그 동안 많이 이루어져 왔으나 정보의 포괄적 개념 정의에는
여전히 많은 어려움이 따른다. 그 이유는 일반 사회에서 통상적으로 사용하는 의미와 학술적

으로 사용하는 의미가 부분적으로 다르고, 또 학문 분야별로도 그 의미를 상이하게 사용하고 있기 때문이다. 통상적으로 일반사회와 저널리즘 분야에서는 정보를 '실정에 대하여 알고 있는 지식 또는 사실내용'이라는 개념으로 사용하고 있으며, 전산학 분야에서는 '일정한 약속에 기초하여 인간이 문자 · 숫자 · 음성 · 화상 · 영상 등의 신호에 부여한 의미나 내용(예 : bit)'으로 사용하고 있고, 문헌정보학 분야에서는 '인간의 판단이나 행동에 필요한 지식'으로 이해하고 있다.

MIS(management information system)

종합경영정보시스템. 기업의 경영진이나 조직의 관리진에게 투자 · 생산 · 판매 · 경리 · 인사 등 경영관리에 필요한 각종 정보를 신속하고 정확하게 공급함으로써 생산성과 수익성을 높이고자 하는 정보시스템이다. 최근에는 SIS(전략정보시스템) 등 MIS에서 한 단계 더 나아간 경영관련 정보시스템이 널리 도입되고 있다.

HIS

호텔에서 경영정보시스템이란 일반적으로 정보를 제공하여 조직내의 운영과 경영 및 의사결정기능을 지원하는 종합적인 사용자의 기계시스템을 말한다. Front Office System은 고객과 접객을 하거나 판매활동이 일어나는 각 영업장의 업무의 효율성과 고객서비스를 제고하기 위한 목적으로 구성된 시스템이라 할 수 있다.

▶ **Front Office System의 기능**

1) Reservation

    Reservation System은 고객이 객실예약의 요청이 있을 때, 객실예약이 가능한지의 여부를 단말기를 통해서 확인하여 예약업무를 효율적으로 수행하기 위하여 설치된 시스템이라고 할 수 있다. 즉 고객이 객실예약을 할 때에 어떠한 객실이 어느 날짜에 예약이 가능한지를 단말기를 통하여 확인하여 고객의 예약문의에 신속히 응대하고, 예약을 신속하고 정확하게 처리할 수 있도록 구성된 System이다.

    – 새로운 예약의 업무를 수행

    – room Chang와 관련된 업무

    – Cancel 등의 업무를 신속하고 쉽게 처리

    – 예약된 객실에 대한 Confirm 업무를 효과적으로 처리

- 예약과 관련한 과거의 자료 및 추세분석 등의 정보를 제공

  ⇒ 연간, 월별, 요일별, 일별 등의 자료를 수년 동안 보존하도록 프로그램화 되어 있음

  ⇒ 시계열 자료에 의한 과거 예약현황을 파악

  ⇒ 미래의 추계분석 및 수요예측을 위한 정보 제공

  ⇒ 예약의 효율성 증대

- 예약의 신속한 처리를 통한 고객만족, 업무의 시간절약 및 인건비, 기타비용 절감

2) Front Desk

   Front Desk System은 고객의 Check-in 기능, 투숙객관리기능, 객실관리기능 등으로
   구분. Check-in 기능은 고객이 Check-in하는 경우 예약정보를 이용하여 등록카드를
   인쇄 및 등록업무와 객실배정 등의 업무에 활용되는 시스템이다.

POS

POS 시스템이란 "Point of Sale" 즉 판매정보관리시스템이라 하며 각 영업장에서 발생된
모든 현상을 한 시점에서 보고서(Report)형식으로 파악 · 분석할 수 있도록 구성된 호텔의
식음료 영업장 및 유통관련 업소의 경영관리를 위한 정보기기시스템을 말한다. 광학적 자동
판독장치를 이용한 Register에 의해 상품별 판매정보를 판매즉시 수집하여 컴퓨터에 보관하
고 그 정보를 발주 · 매입 · 배송 · 재고 등의 정보와 결합하여 컴퓨터로 가공처리를 함으로써
필요로 하는 부분에 유용하게 활용할 수 있도록 해주는 소매업의 종합정보시스템이다. POS
시스템은 현금의 보관뿐만 아니라, 중앙의 컴퓨터와 온라인으로 직접 연결되어 매장에서
발생되는 데이터를 컴퓨터에 기록하고 기록된 판매정보를 조화할 수 있는 기능을 가지고
있다.

Interface

두 가지 시스템 또는 장치(equipment)가 결합해 있는 경계(boundary)이며, 하드웨어적으
로도 소프트웨어적으로도 사용되는 용어이다. 하드웨어적인 것만을 가리킨다든지, 소프트웨
어적인 것만을 가리킨다든지, 또는 그들 모두를 규정하고 있는 것이 있다. 여기서 말하는
하드웨어적인 것이란 물리적 조건, 회로의 조건, 전기적 조건 등을 말하며, 소프트웨어적인
것이란 논리적 혹은 프로그램 간의 조건을 말한다.

front office

호텔에 있어서 현관(Front Office)은 항상 중요한 역할을 담당하는 호텔의 초점, 즉 호텔의 중심이 되는 곳이다. 현관은 호텔이 고객을 최초로 만나는 지점(Point of Guest Contact)인 동시에 최후로 고객을 환송하는 장소이다. 호텔 하면 호텔의 현관을 연상할 만큼 현관은 호텔의 얼굴이 되는 곳이다. 또 호텔의 현관은 고객의 입숙(Check-In)과 퇴숙(Check-Out)을 담당하는 곳으로 고객의 불평불만을 접수하고 해결해야 되는 곳이기도 하다. 현관은 또 호텔의 경영진과 고객의 연결, 관계되는 부서와의 유기적인 연락을 통해 고객서비스를 조정하고 호텔 로비의 고객의 순환을 원활하게 소통되도록 하는 복잡한 교차로의 교통경찰과 같은 역할을 한다.

back office

백오피스(Back Office)는 후선 지원업무를 말한다. 프론트오피스(Front Office)에 대비되는 말이다. 프론트오피스가 생산, 판매, (주식)거래 등 부가가치 생산 즉 돈을 벌기 위한 업무를 말한다.

Menu engineering

메뉴엔지니어링이란 음식점의 경영자가 현재 또는 미래의 메뉴를 평가하는데 활용될 수 있도록 단계적으로 체계화시킨 평가의 절차로, 협의로는 메뉴가격 결정을 위한 새로운 접근방법을 말한다. 메뉴는 외식업체의 운영에 있어 가장 중추적인 역할을 담당하는 관리 및 통제 도구이며 동시에 중요한 마케팅 도구가 되므로 고객만족과 합리적인 외식업체 운영을 위해서 적절한 메뉴분석이 이루어져야 한다.

호텔시설안전관리

제 14 장

호 · 텔 · 경 · 영 · 론

호텔시설안전관리

1 안전관리

호텔에 있어서 안전관리는 안전한 관리를 통해서 재산상의 피해, 장비의 보호, 화재, 안전규칙 준수 및 종사원의 보건관리, 기계, 기구 물자의 관리 등의 안전을 기하는 데 있다. 이들의 안전은 고객에게는 완벽한 서비스를 호텔에는 재산이나 금전상의 손실을 막는데 있다. 이는 종사원에게는 교육을 통한 안전의 주지 및 사용상의 수칙을 준수하도록 관리된다. 화재 시 인명보호 및 호텔재산상의 피해 및 도난예방, 금연, 근무 중 외출의 허가, 출퇴근 시 소지품 관리, 물품반출시 허가, 통제구역 통과시 허가, 그리고 근무수칙 등의 내용이 있다. 화재예방을 위한 금연구역 지정, 인화성 물질의 취급주의, 화재경보기 작동상태, 소화기 비치, 스위치 및 밸브의 사용상의 주의 등의 안전수칙을 숙지하여 이를 이행토록 교육시키고 주의를 기울이게 한다.

업무에 관한 수칙을 준수이행토록 조치하고 영업장에서의 예절 및 근무수칙의 이행, 사고나 이상발생 시 보고체계의 이행, 근무태도, 근무 중 금기사항 이행, 청결유지 및 시설의 이용규칙 준수 등의 안전사항을 숙지하고 수행하도록 한다. 이밖에 고객에게 불편을 초래하거나 안전에 방해되는 일을 삼가토록 교육되며 호텔시설의 취급 및 비상구에 불필요한 물건 적재금지, 상식이 없는 위험물 취급 금지 및 주의, 고객의 보안에 신경을 쓰며 각종 호텔시설물 사용상의 주의사항을 숙지할 필요가 있다. 화재의 위험이 있는 각종 전기시설의 사용 및 취급상의 주의, 전열기 사용원칙 준수, 규정에 맞는 시설물 사용, 비상시 승강기사용상의 주의, 손님대피 요령, 정전 시 조치사항 숙지 등의 내용이 있다.

2 위생관리

 종사원은 고객과의 접촉이 잦으므로 청결과 위생은 기본적인 사항이다. 특히 전염의 위험이 있는 각종 위생상의 음식물 취급, 보관, 각종 사용시설의 위생상의 문제가 중요하다. 호텔은 세계 각국의 각종 사람들의 집합장인 만큼 전염이나 위생이 보장되도록 조치되어야 한다. 근무복장의 청결 및 세탁관리, 각종 린넨, 침대시트 그리고 각종 수건 및 욕실 호텔비치 시설의 위생에 신경을 써야 할 것이다. 욕실, 화장실 등의 위생, 조리 및 식음료 서비스 시의 청결, 정기적인 위생검진, 식품류 취급이나 보관, 조리, 음식서비스 등의 식품위생에 신경을 써야 한다. 이로써 각종 위생시설의 정기 점검 및 관리 등이 시행되고 있다.

3 시설관리

 호텔은 식품을 취급하고 접객을 해야 함으로 물, 오물, 폐수 등의 위생에 대비한 인프라가 확충되어 있어야 한다. 이들을 효과적으로 취급하고 처리할 수 있도록 통로, 환기, 배수구 확충, 급수, 냉난방, 조명등을 비롯해 병충해 및 각종 곤충을 예방하기 위한 시설이 구비되어 있어야 할 것이다. 배수구, 청소, 조리장의 통풍장치, 급수관, 배관시설, 통로 등이 확보되어야 한다. 특히 채광이나 환기시설이 잘 구비되어 부패나 연기 등이나 냄새가 호텔 내부에 배어들지 않아야 할 것이다. 또한 음용수, 수세, 음료조리나 보관 시 사용되는 각종 도구의 청결, 이의 정렬 및 배치시설, 먼지, 청소 등의 위생점검 시스템 개발 및 관리, 그리고 이들 보관시설의 재질, 부패방지를 위한 각종 보관시설 및 장비의 구비, 주방이나 조리장의 적정한 온도 유지를 위한 시설 등을 필요로 한다.

4 화재안전

호텔에서 가장 염려되는 안전관리 부문 중의 하나가 화재인데, 이는 각종 전열기를 많이 사용하는 호텔에서 흔히 일어날 수 있는 일이다. 고객이나 종사원이 전기사용상의 제반 규정을 숙지시키는 것이 중요하다. 전기의 과다 사용에 의한 화재, 누전에 의한 감전사고, 기타 고객의 담배 부주의로 생길 수 있는 화재 등이 있다. 전기기기, 배선, 누전차단기 설치, 특히 욕실 등의 젖은 곳에서의 감전, 배선의 점검이나 접속부분 등의 철저한 점검체제가 구축되어야 할 것이다. 위생 점검과 같이 전문가를 통한 점검일지를 작성하거나 소화기 등의 내구연한 등을 철저히 체크하는 것이 필요하다. 특히 전기 연결선이나 방호망, 덮개 등의 시설에 신경을 써야 하며, 특히 전기사고 발생시 응급처치법이나 규정 등을 고객이나 종사원이 숙지하도록 되어 이를 미리 예방 방지하는 체계를 구축하여야 할 것이다.

호텔은 건물 자체가 크고, 높고, 웅장하여 화재의 경우 치명적일 수 있기 때문에 화재에 취약성이 있는 물건이나 기기의 취급에 각별히 신경을 써야 한다. 특별히 고객의 담배로 인한 화재, 전열기의 화재 등은 호텔에서 신경써야 할 중요한 부분이다. 특히 화재의 경우 인명피해를 줄일 수 있는 다양한 비상구, 대피 등의 가이드를 철저히 할 필요가 있다. 특히 화재의 위험에 노출되는 유류나 발열, 과전류, 접촉성 합선, 퓨즈, 누전 또는 벼락 등에 사전 대비가 중요하다. 특히 특정 공간에서 취급되는 가스나 유류 등의 취급에 주의가 요망된다.

5 소방시설

화재발생시 이를 진압하기 위한 소방설비, 화재를 알리는 경보시스템, 피난설비 등의 비치 및 소화수, 각종 구비용 소화장비를 비롯해 비상구, 비상계단 및 비상등, 피난 사다리, 유도등, 방열복 등을 비치할 필요가 있다. 특히 초기화재 등에 대비한 소방수, 미끄럼대 등을 비롯해 소화시 필요한 소방수, 연결 송수관 등의 시설이 필요하다. 특히 초기화재 시 분말소화기, 동력소방펌프 시설의 구비 및 화재경보장치, 배연설비 등의 시설이 구비되도록 조치되어야 한다.

6 호텔설비

호텔에서 일반적으로 구비되어 필요한 시설 즉 현관테커레이션이나 로비에서의 불편사례신고 접수에 필요한 시설의 비치, 안내문게시, 각종 여론함 등이 적절한 장소에 비치되고 그 기능을 다 할 수 있도록 비치되어야 한다. 특히 호텔에서 제공한 공공시설 즉 주차장 등의 각종 편의시설이 제 기능을 다하고 고객의 필요에 부응하도록 조치되어야 할 것이다.

객실의 경우는 욕실이나 청결, 조명, 환풍기 및 전열시스템, 침구 및 외벽 등을 비롯한 주변환경도 각별히 신경을 써야 할 것이다. 전반적으로 호텔에서 취급하는 식품의 위생, 배출, 배수처리 그리고 각종 환경관리 및 필요한 업무를 효과적으로 실행할 수 있는 제반 시스템이나 오물 및 오수처리 그리고 재활용품 분리수거나 건축관리대장의 비치, 방화문, 방화구 등의 관리가 필요하다.

7 부대시설관리

호텔에 있어 중요한 사항 중의 하나가 식품위생의 문제이다. 특히 식음료를 담당하는 종사원의 보건증, 음식물 반입의 위생이나 음식물의 보관, 조리대 및 위생복, 위생모 및 기타 허가증이나 종사원의 직무숙지도 관리 등이 중요하다. 이러한 제반 사항을 관리하기 위한 교육, 복지, 건강 및 업무상 필요한 휴게시설, 샤워실 등의 시설도 필요하다.

8 호텔의 주요시설 점검사항

1) 환경 및 청소상태 점검사항

① 호텔 내부 및 주위환경 청소상태

② 주차장의 정돈상태

③ 건물 도장상태

④ 하수구 정리와 오물처리상태

⑤ 소독 실시 여부 확인

⑥ 일반 및 식음료 창고의 정리상태

⑦ 전등기구의 청결상태

⑧ 전기실 · 보일러실의 청결상태

2) 객실점검사항

① 벽이 갈라지거나 금이 간 곳의 유무 파악

② 벽지상태 및 훼손상태 점검

③ 호텔 객실 출입문의 안전관리 상태

④ 옷장의 장구 및 청결 그리고 설치시설의 확인

⑤ 객실에서의 소음 유무 확인

⑥ 욕조 및 욕실바닥 상태 점검

⑦ 샤워꼭지 이상 확인

⑧ 변기시설 및 작동상태 확인

⑨ 세면대 급수정도 하수시설의 상태 파악

⑩ 린넨류의 비누, 화장지 및 기타 도구 비치 및 유무 확인

⑪ 전획의 음량 및 고장 유무 확인

⑫ 에어컨, 티브이의 방영상태 및 음량, 화질의 작동상태 확인

⑬ 객실 내의 조명상태 및 밝기 등의 상태 점검

⑭ 객실깔판의 상태, 관리 및 청결상태 점검

3) 식음료 업장의 점검 내용

① 식음료 업장시설의 청결정도 및 고장 유무 확인

② 용수, 하수도 그리고 화장실 위생상태 및 시설물 관리상태

③ 조리실, 바닥, 조명, 청결 및 하수 및 검조 및 위생상태 점검

④ 조리실 환풍시설 및 작동상태 확인

⑤ 화재예방시설 및 작동상태 확인

⑥ 업장 내부의 조명상태

⑦ 업방시설의 파손, 오염 훼손상태 점검

4) 기계설비 점검사항

① 배수 펌프

② 냉각탑

③ 냉각수배관

④ 히팅 및 쿨링시설 점검

⑤ 저수조

⑥ 스프링클러

⑦ 옥외 소화전

⑧ 연결 송수관

⑨ 배수펌프

⑩ 보일러

⑪ 배관시설

5) 전기시설 점검사항

① 발전기

② 옥외에어컨 및 응축기

③ 옥외 전기 조작판

④ 가로등

6) 영선 및 개보수 점검

① 공조실

② 방풍

③ 창틀

④ 옥상

⑤ 조경

⑥ 주차장

7) 옥외시설 점검사항

① 인입배관
② 가스배관
③ 배수관

호텔회계 관리

제 15 장

호 · 텔 · 경 · 영 · 론

회계란 자본의 순환과정을 계정에 의하여 계수적으로 정리 파악할 수 있게 한다. 기업의 재산과 손익을 기록화하고 재무상태나 경영성과를 나타냄으로 기업의 경영관리의 지침으로 활용된다. 회계시스템은 재무상태의 주기적인 파악을 위한 재무회계, 경영관리에 제공되는 관리회계 그리고 세무목적을 위한 세무회계 등이 있다. 재무회계나 세무회계는 과거의 실적위주로 정리되고 관리회계는 과거의 실적을 분석함은 물론 미래의 예측과 계획을 취급한다. 따라서 세무나 재무회계는 정확성에 초점이 맞추어지고 관리회계는 예견되는 상황에 맞고 이에 대비해 신속하게 대응할 수 있도록 자료를 정리 제공하게 된다.

재무회계의 관련대상은 주주, 채권자나 또는 금융기관이나 증권감독원 등 외부보고형 정보제공이고 세무회계는 국가나 지방자치단체의 납세관련 기관 그리고 관리회계는 경영상의 계획, 통제를 목적으로 하는 의사결정 정보제공으로 경영방침을 정하도록 실무경영자와 관계가 있다. 사전에 설정되고 약속된 통일된 기준하에 통일된 기준 및 규범을 중심으로 작성된 회계처리는 객관적으로 비교가 가능하도록 된다. 일반적으로 기업회계는 신뢰할 수 있도록 객관적이고 공정하게 작성하여야 할 것이며 회계정보가 쉽게 이해되도록 명료하게 작성되어야 한다. 이는 회계보고서 그리고 양식이나 내용 등이 표준화되어야 한다는 이야기다. 절차나 방법 등이 연속적으로 일관되게 처리되어야 하며 회계정보 이용자에게 충분한 정보를 제공하여 함은 물론 경제적 사실에 입각하여 거래의 실제를 반영하여야 한다.

1 재무제표

재무제표는 기업의 거래를 측정, 기록, 분류, 요약되어 작성되는 기업의 재무보고서로서 투자자가 쉽게 기업의 재무상태, 기업의 건전성, 그리고 경영실적 등의 건전성이나 가능성을 파악하도록 하며, 기업의 회계 혹은 결산 등의 보고서로 이해된다.

이러한 재무제표는 외부적으로는 ① 세금기준, ② 금융거래, ③ 법인세 증빙, ④ 주주에게 보고 등에 활용되고, 내부적으로는 ① 경영방침을 세우는데 사용되고, ② 근로의욕 향상, ③ 지출억제, ④ 원가결정 기준으로 사용된다.

재무제표의 종류로는 ① 대차대조표, ② 손익계산서, ③ 결손처리계산서, ④ 현금흐름표 등이 있다.

2 대차대조표

일반적으로 대차대조표는 재무상태표라고도 부르는 것으로 일정시점에 있어서의 기업의 재무상태를 표시하는 표 또는 재무상태란 기업의 재산상태, 즉 자산, 부채 및 자본의 상태를 말한다. 일정시점 현재 기업이 보유하고 있는 경제적 자원인 자산과 경제적 의무인 부채, 그리고 자본에 대한 정보를 제공하는 재무보고서로서, 정보이용자들이 기업의 유동성, 재무탄력성, 수익성과 위험 등을 평가하는데 중요한 정보를 제공한다. 즉 기업의 경제적 자원, 경제적 의무 및 잔여지분을 표시하는 회계보고서가 된다.

대차대조표는 손익계산서와 함께 재무제표의 중심을 이루는 것이다. 일반적으로 그 시점에서의 모든 자산을 차변(借邊)에, 그리고 모든 부채 및 자본을 대변(貸邊)에 기재하는 데서 대차대조표라는 말이 생겼다. 작성시점은 대부분 결산시이지만, 개업·폐업·합병 때에도 작성된다. 대차대조표의 작성방법은 대별하여 두 가지가 있다. 하나는 개별요소마다 실지 재고조사를 하여 그 결과를 집적(集積)하여 작성하는 방법으로, 실지재고조사법 또는 재산목록법이라고 한다. 다른 하나는 회계기록에 의하여 유도적으로 작성하는 방법으로 유도법이라고 한다. 실지재고조사법의 경우는 회계장부 등을 반드시 필요로 하지 않으며, 자산은 어디까지나 현금화될 가치 있는 것에 한정되고, 또한 부채도 법적 관점에 의한 부채에 한하게 된다.

3 손익계산서

손익계산서(損益計算書)는 회계연도의 비용과 수익을 대응시켜 그 기간의 회사의 손익(순손익), 즉 영업성적을 표시한 재무제표(財務諸表)이다. 따라서 이를 통하여 경영성과를 평가할 수가 있다. 손익계산서는 매출액, 영업외이익, 그리고 특별이익 등의 수익, 매출유원가, 판매비와 관리비, 영업외 비용, 특별손실, 법인세 비용 등의 비용, 그리고 영업이익, 경상이익, 법인세 차감이익, 그리고 단기순이익 등의 이익으로 구성된다.

4 호텔회계

호텔은 호텔이 제공하는 고유의 시설이나 설비 그리고 서비스 제공의 순환과정을 거치는 기업이다. 이러한 과정을 회계의 기법으로 정리함으로써 일의 진행상황을 알 수 있고 손익이나 기타 재무상태 등을 파악할 수 있게 된다.

회계적 관점에서 호텔업의 특징은 ① 연중 무휴 영업이 진행되어 거래가 쉴 새 없이 이뤄지고, ② 영업장에 따라 거래가 따로 따로 이뤄짐으로써 영업 및 매출장소가 다르며 이들은 같은 장소에서 정산된다. ③ 각 다른 영업장의 거래내역이 프론트 캐셔에게 한곳으로 모아져 고객과의 정산이 쉽도록 종합적으로 정리되게 시스템화되어 있다. ④ 따라서 거래내역이 고객이 체크아웃전까지 신속하고 정확하게 전달될 수 있어야 한다.

이러한 과정은 회계상으로 수입과 비용 등이 영업회계로 기재되고 수합정리되어 이를 분석하고 이들 자료를 활용하여 경영상의 지침으로 삼고 경영의사결정을 하는 데도 사용된다.

호텔회계에서 수익으로 계상되는 부분은 객실판매대금, 식음료판매대금 그리고 임대수입 등이다. 이 수익에서 비용을 차감하게 되면 이는 영업이익이 될 것이다. 호텔수익이란 일반적인 의미에서 호텔에서 판매한 재화나 용역의 대가라고 할 수 있다. 이에 반해 비용은 수익적 지출을 의미한다. 지출에는 자산의 증가로 대체되는 비용은 지출인 자본적 지출과 자산의 감소로서의 비용은 수익적 지출이다.

호텔에서의 비용은 고정비, 변동비, 준고정비 또는 준변동비 등이며 고정비는 급료, 임대료, 보험료, 제세공과금, 감가상각비 그리고 지급이자 등으로 고정비란 일정한 기간 동안 조업도(操業度)의 변동에 관계없이 항상 일정액으로 발생하는 원가로서, 고정자산의 감가상각비·경영자의 급료·보험료·지대·제세공과 등이 이에 속한다. 이와 같은 고정비는 엄격히 말하여 일정한 기간 내에 일정한 조업도의 범위 내에서만 고정적이다. 고정비의 경우에 관련 범위 내에서 그 발생액은 항상 일정하기 때문에 조업도가 증가하면 할수록 단위당 원가(고정비부담액)는 점점 체감하게 된다. 대량생산의 경영구조하에서 '규모의 경제'(economy of scale)가 있다고 하는 것은, 생산량이 증가할수록 생산량단위당 부담되는 고정비의 크기가 이와 같이 감소하기 때문이다.

판매량의 변화에 따라 비례적으로 증가하는 비용이 변동비이다. 변동비는 고정비(固定費)에 대응하는 말로서, 경영활동 정도의 증감(增減)에 따라서 비례적으로 증감하는 원가요소. 비례(proportional costs) 혹은 활동원가(activity costs)라고도 한다. 변동비의 대표적인 예는 상품을 생산하기 위하여 사용되는 원료이다. 생산량을 10% 증가시키면 원료도 10% 증가되며, 반대로 생산량을 5% 감소시키면 원료도 5% 감소하게 된다. 준고정비는 일정한 범위 내의 조업도 변화에서는 고정적(불변적)이고, 그것을 넘으면 급증하여 재차 고정화해 가는 원가요소를 말한다. 준변동비는 조업도가 0인 경우에도 일정액이 발생하고, 또한 조업도가 증가하면 거기에 비례하여 증가하는 원가요소이다. 예컨대 전기료·수도료 등은 사용하지 않는 경우에도 기본요금을 부담해야 하고 또한 사용량에 비례하여 종량요금은 증가한다. 기계수리비·공장사무원 급료 등도 같다.

5 영업회계

영업회계관리자는 호텔의 다양한 모든 수입에 대한 최종적인 감사의 책임을 진다. 일반적으로 수입회계는 프론트오피스의 출납원 또는 야간감사에 의해 처리된다. 객실수입은 Room Count Sheet에 의해 확인되며, 각 부문별 수입금액은 부문별 수업일계표나 전표를 토대로 수입관리를 한다. 또한 감사자는 숙박카드와 같은 증빙서류, 식당계산서, 전화전표 등을 검증하고 확인하는 일을 한다. 호텔에서의 영업회계는 객실회계, 식음료회계, 여신 그리고 회계감사 등으로 업무가 분담된다. 이처럼 다양한 장소에서의 거래가 이뤄지기 때문에, 이에 따라 이들 거래가 일정한 곳에 수집되어야 하며 이에 따라 고객과의 정산이 이뤄져야 함으로 거래후 신속하고 정확하게 청구서 등이 프론트 캐셔에게 전달되어야 한다.

호텔에서의 영업회계는 각 영업장별로 발행되는 빌(bill) 또는 각종 바우처 (voucher) 등의 방법으로 발생 수납 처리되며, 이를 회계시스템이 구축된 컴퓨터에 기록처리하며 이들 자료는 각 일별, 주별, 월별 또는 연별로 부기되고 이것이 비교되고 분석되어 경영자료로 쓸 수 있도록 된다. 이들의 올바른 기재 및 관리는 감독자에의 의해 통제되고 관리된다.

6　객실회계

　　호텔객실의 경우 투숙객의 수익자료의 원장관리, 객실요금, 영업준비금 등을 관리한다. 구체적으로는 객실수입금, 봉사료, 부가가치세, 투숙객 식음료수입, 현금지급, 수익발생과는 무관한 계정으로 이미 발생된 금액을 다른 원장으로 이동시키는 이월, 기물파손 변상비, 객실열쇠, 안전금고 열쇠 분실비 등의 잡수입 등이 포함되고, 이밖에 전화료, 전보, 팩시밀리, 세탁비나 기타 부대시설 이용료 등이 포함되는데, 이들은 차변계정과목에 기재된다. 한편, 매출조정, 선수금, 현금, 신용카드 그리고 후불 등은 대변계정과목에 기재된다. 선수금이란 예약금을 미리 지급된 계정이고 매출조정이란 마감이 완료된 수입의 잘못된 금액을 조정할 때 사용하는 계정이다.

7　식음료 회계

　　호텔에서의 식음료 관련 회계는 영업준비금, 빌(bill)의 수급발행, 감사테이프 및 수급관리, 접대계산서 현금입금 그리고 각종 식음료 관련 영업보고서의 내용을 포함한다. 대변에 게재되어야 할 계정과목은 ① 음식, ② 음료이다.

　　한편, 차변에 기재되어야 할 계정과목은 ① 현금, ② 신용카드, ③ 후불 등이다.

8　Night auditing

　　호텔에서는 매일의 객실, 식음료, 기타 매일결산제도를 도입하고 있다. 주간의 수납원의 회계처리 절차나 결과를 결산하여 원칙하에 기재되고 결과의 오류 여부 등을 확인하게 된다.

Night audit의 중요 업무는 ① 정산, ② 보고서작성, ③ bill checking, ④ 현금 및 외상매출금 분류, ⑤ 수납대리 직무대행, ⑥ 전기된 계장수지 점검, ⑦ 신용제공한도, ⑧ 객실현황의 차이분석, ⑨ 운영보고서 작성 등의 업무를 수행한다.

Night audit는 거래절차의 적법성 및 오류 등을 파악하고 당일의 회계처리가 정확하게 되었는지를 파악하게 된다. 특히 계정의 절차 그리고 흐름을 파악하고 이러한 자료를 기초로 투숙률, 객실판매자료를 기초로 정리 보고서를 만들고 마감처리하여야 한다. 이와 같은 처리 결과는 각종 보고서는 수입감사를 통해 감사를 받게 되며 이의자료는 최고경영층의 경영방침을 정하는 지침으로 활용된다.

9 여신회계

여신이란 금융기관에서 고객에게 돈을 빌려 주는 일을 말하며, 여기서는 상품이나 제공받은 서비스에 대해 추후에 대금지급을 약속하고 가치를 교환하는 것이다. 여신에는 투숙고객을 대상으로하는 카드, 외상결재 등의 대내후불제, 정부, 기업체, 여행사, 항공사 등의 신용카드 대상의 시내계정(city ledge account)이 있다.

10 호텔의 재무회계

일반 제조기업에서와 달리 호텔에서의 상품의 판매는 일반적으로 짧은 기간에 소규모로 이뤄진다. 대규모로 이뤄지는 일반제조기업에서의 거래와는 달리 영세적이고 거래의 횟수가 많은데 특성을 갖는다. 호텔은 일반적으로 운영자금의 압박을 받게 되는데, 이는 고정자산의 구성이 전체시설의 대부분을 차지하기 때문이다. 호텔상품은 거래로 인해 장소적 변경이나 소유권 등의 이전이라기보다는 시설을 이용하고 허락하는 차원이어서 고정자산의 회전율이 낮다. 또한 시설의 계속적 이용에 의해 생길 수 있는 시설의 유지 보수의 지속적인 비용이 발생하는 특성이 있다.

호텔은 일시적 초기 투자가 높아서 금융비용의 지출이 높은데 비해 수익률이 다른 일반제조상의 수익률보다 낮는 특성이 있다. 또한 호텔은 연료비, 전기료, 인건비와 같이 고정비적 비용지출이 높아 손익분기점이 높은 특징이 있다.

호텔은 회계상으로 다른 제조업에 비해 인건비의 비율이 높다. 연중무휴의 호텔업무의 특성 때문에 인력이 많고 따라서 인건비가 높은 편이다. 특히 호텔의 특성이 기계화나 자동화에 한계가 있어 인건비를 줄일 수 있는 여지가 별로 없는 것이 특징이다. 호텔업은 on season과 off season이 뚜렷해 수익의 증감이 뚜렷하다. 따라서 일반적으로 계절의 불균형을 초래하지 않는 제조업과는 비교되도록 거래의 증감 또 거기에 따른 회계기능이 약화되고 불안정하다는 점이다.

호텔에서의 상품은 단순하지 않고 다양한 내용을 포함한다. 즉 객실, 식음료, 연회, 각종 식음료 매장 그리고 이벤트 등의 다양한 상품의 판매로 거래가 형성된다. 또한 거래처의 다양화에 의해 다양한 루트의 거래가 형성되는 특성을 갖는다. 호텔의 특성이 영업상 낮과 밤을 가리지 않고 발생하기 때문에 거래가 발생할 때마다 이를 회계처리하여야 하는 점이 다르다.

■표 호텔업의 재무비율

구분	비율	계산식
유동성비율	유동비율	유동자산/유동부채×100(%)
	당좌비율	당좌자산/유동부채×100(%)
	매출채권 구성비	매출채권/총매출액×100(%)
	매출채권 회전율	매출액/매출채권(회)
	매출평균 회수기간	매출채권 구성비율×365(일)
		=매출액/매출채권 회전율
	운전자본 회수기간	매출액/평균운전자본(회)

지급능력비율	지급능력비율	
	부채구성비율	총자산/총부채×100(%)
	부채율	총부채/총자본×100(%)
	이자보상비율	타인자본/자기자본×100(%)
	이자보상비율	(영업이익+감가상각비)/지급이자(배)
	고정급융비용보상비율	(영업이익+감가상각비+리스비용)
		장기부채/(자기부채+자기자본)×100(%)
	장기부채대총자본화비율	
활동성비율	식음료재고자산회전율	소비된 식료원가/평균식료재고액×100(%)
	음료재고자산회전율	소비된 음료원가/평균음료재고액×100(%)
	고정자산회전율	매출액/고정자산×100(%)
	점유율	고객수-유료판매 객실수/유료판매객실수 ×100(%)
	복수고객자산율	
	주가이익비율	주가/주당이익(배)
영업성비율	식음료원가율	식료재료원가/식료매출액×100(%)
	음료원가율	음료재료원가/음료매출액×100(%)
	인건비비율	인건비/매출액×100(%)
	일일평균객실요금	객실매출액/유료판매객실수(원)
	고객당평균매출액	식료매출액/고객수(원)
	음료매출구성비율	음료매출액/총매출액×100(%)

자료 : 고석면, p.364.

11 호텔경영분석

기업의 회계적·재무적 상황을 통해서 긍정적 혹은 부정적 경영상황을 비교분석하여 기업경영상의 유익한 정보를 얻는다. 이는 투자나 대출 그리고 신용도에 영향을 미치게 된다. 기업경영분석은 기업의 대차대조표·손익계산서 등 재무제표나 각종 경영관련 자료를 종합하여 기업의 재무상태나 경영성과를 종합적으로 분석하는 것이다. 재무제표를 이용한 비율분석이 중심이다. 목적은 기업 내외의 이해관계자, 즉 경영분석을 실시하는 주체에 따라 달라진다. 19세기 말 미국의

은행업자들이 대출거래를 희망하는 기업의 신용상태나 채무상환능력을 파악하기 위하여 대차대조표를 입수하여 분석한 것이 시초이다. 따라서 초기의 경영분석은 여신자의 입장에서 기업신용을 판단하기 위한 신용분석이었으므로 대차대조표를 이용하여 재무유동성을 분석하는 것이 주된 내용이었다. 따라서 경영분석은 재무분석이나 재무제표의 분석으로 일정기간의 재무상태의 파악은 대차대조표와 손익계산서를 통해서 가능하게 된다.

12 경영분석 종류

경영분석은 내부분석과 신용분석, 투자분석, 세무분석, 감사분석 그리고 국가 및 공공단체분석 등의 외부분석으로 나눌 수 있다. 내부분석은 경영내용 개선에 목적이 있으며 경영상태의 건전 여부를 파악하게 함으로 경영관리의 방법으로 사용된다. 그리고 외부분석은 기업과 이해관계가 있는 국가, 투자자, 채권자 등의 호텔의 신용, 투자, 세무 등의 분석을 하는 것으로 사용된다. 신용분석은 융자나 신용제공을 금융기관이나 채권자가 채권의 회수 여부 등을 알아 볼 수 있고 투자분석은 투자자나 주주가 투자의 경우에 배당의 건전성 등의 가능성을 판단하는 자료가 된다. 또한 과세소득 혹은 납세액의 정당성 또는 세액의 부족액을 조사하는 데 사용되는 세무분석 그리고 회계감사의 경우 회계원칙에 맞게 되었는지의 여부를 확인하는 차원의 감사분석이 있다. 기업의 재무제표를 를 통해 국가나 공공단체 등의 재정금융정책활용 자료로 사용되는 분석이 있다.

13 호텔재무비율 분석의 필요성

대차대조표나 손익산서의 항목들을 비교하여 산출한 재무비율을 분석하는 것이며 과거나 현재의 비율과 산업평균치나 경쟁회사의 비율과 바교하여 재무상태를 평가하는 분석도구로 사용한다. 따라서 대차대조표나 손익계산서의 항목을 비교하여 산출한 비율로서 대체로 유동성, 레버리지, 활동성, 수익성의 네 가지 포인트를 중심으로 구해지며 이런 재무비율은 과거나 현재의 비율과 산업평균치나 경쟁회사의 비율과 비교하여 재무상태를 평가하는 분석도구로 사용된다. 한편 재무비율분석은 간단하게 기업의 재무상태를 파악할 수 있다는 장점이 있는 반면 재무비율 분석이 과거의 자료를 중심으로 분석하고 일정시점이나 일정기간을 중심으로 분석하며 비율 상호간의 연결이 없으며 종합적인 결론을 얻을 수 없고 절대적인 기준치나 표준치가 없다는 점이 한계로 지적된다.

재무비율분석은 자료의 준비와 계산이 쉬울 뿐만 아니라 이해하기가 쉬우며 지급능력, 안전성, 효율성이나 수익성 등에 정보제공으로 다양한 정보의 원천으로 사용될 수 있다. 재정상태의 상호비교가 가능하고 또 과거의 내역을 비교함으로 유용한 자료의 원천이 된다.

비율분석은 재무제표 등과 같은 수치화된 자료를 이용하여 항목 사이의 비율을 산출, 기준이 되는 비율이나 과거의 실적 그리고 다른 기업과의 비교 등을 통하여 그 의미나 특징, 추세 등을 분석평가하는 것이다. 기업의 재무상태나 영업성과를 분석평가하기 위한 재무분석에서 사용되는 재무비율은 크게 ① 유동성비율 ② 효율성비율 ③ 레버리지비율 ④ 수익성비율 ⑤ 시장가치비율로 구분할 수 있으며, 각 항목별로 구체적인 세 부지표들이 있다. 실질 재무자료로부터 비율이 계산된 경우 그 비율이 높은가, 낮은가 또는 양, 불량을 판단하기 위해서는 일반적으로 기업 비교인 횡단면 분석방법과 기간별 비교인 시계열 분석방법이 많이 이용되고 있다. 이러한 비율분석은 복잡한 경제현상을 비교적 단순한 분석방법으로 비교, 평가할 수 있다는 장점이 있는 반면, 비교평가의 절대적인 기준을 설정하기가 용이하지 않고 종합적인 평가가 곤란하다는 한계를 가지고 있다.

14 회계를 통한 경영분석의 의미와 문제점

　재무제표상의 회계는 단편적 회계숫자를 통한 분석이다. 다시 말해서 회계자료에 명기된 사항은 기업 전체의 실적상황을 표시하는 것이 아니라 자본이나 자산의 변동에 국한한다고 할 수 있다. 따라서 재무상태나 경영성과에 영향을 미칠 수 있는 신용, 종사원의 자질, 생산성이나 수익성 등이 파악되지 않는다. 회계자료는 비용과 수익이 일정기간 계산되는 데 회계담당자의 주관적 회계처리 방법에 따라 달리 된다는 점이다. 즉 명확성에 한계가 있다는 이야기이다. 회계자료는 미래의 예측과 계획의 지침이 된다. 그런데 과거의 자료에 근거한 회계자료가 계절이나 시간 등에 따라 많은 상황변수가 심하고 돌발변수를 안고 있는 상황에서 미래의 예측이나 목표기준으로 삼는다는 게 모순이 있을 수 있다. 과거와 닥쳐올 미래가 확연히 다르고 많은 현상의 차이에서 과거의 자료가 유용한 미래의 지침이 될 수 있을지 의심스럽다는 것이다. 산업표준비율이 비율분석으로 비교되고 표준비율 선정이 어렵다. 실제로 객관적 차원의 비율계산이 거의 불가능하며 자본의 운용이나 결과는 재무제표와 그 부속서류에 의해 분석되고 예측되는데 핵심적으로 고려되어야 할 인적요소나 경제동향 등이 고려되어야 할 것이다.

15 경영분석의 방법

1) 비율분석

　비율분석은 재무제표 등과 같은 수치화된 자료를 이용하여 항목 사이의 비율을 산출, 기준이 되는 비율이나 과거의 실적, 그리고 다른 기업과의 비교 등을 통해 그 의미나 특징, 추세 등을 분석평가하는 것이다. 기업의 재무상태나 영업성과를 분석평가하기 위한 재무분석에서 사용되는 재무비율은 크게 ① 유동성비율, ② 효율성비율, ③ 레버리지비율, ④ 수익성비율, ⑤ 시장가치비율로 구분할 수 있으며, 각 항목별로 구체적인 세부지표들이 있다. 실질 재무자료로부터 비율이 계산된 경우, 그 비율이 높은가, 낮은가 또는 양, 불량을 판단하기 위해서는 일반적으로 기업간 비교인 횡단면 분석방법과 기간별 비교인 시계열 분석방법이 많이 이용되고 있다. 이러한 비율분석은 복잡한 경제현상을 비교적 단순한 분석방법으로 비교, 평가할 수 있다는 장점이 있는 반면, 비교평가의 절대적인 기준을 설정하기가 용이하지 않고 종합적인 평가가 곤란하다는 한계를 가지고 있다.

(1) 구성비율분석

구성비율분석이란 재무제표에서 가장 기본이 되는 항목을 100%로 하고 다른 항목들을 가장 기본이 되는 항목에 대한 비율로 재무제표를 작성하여 분석하는 기법이다.

(2) 관계비율분석

미래산업의 재무제표를 이용한 관계비율 분석을 통해 기업의 유동성, 안정성, 수익성, 활동성, 성장성, 레버리지 등을 분석해 보려고 한다

(3) 추세법

수년간의 재무제표 중 어떤 연도를 기준연도로 선정하고, 이 기준연도의 재무제표 각 항목금액을 100%로 하여, 그 전후 연도의 같은 각 항목금액을 기준연도에 대한 백분율로 표시함으로써 기업내용의 변화동향을 관찰하는 방법이다.

2) 관계비율분석

(1) 유동성비율

기업의 단기 지급능력에 해당하는 현금동원력을 가늠하는 지표로, 재무구조 안정성을 측정하는 비율이다. 유동성비율에는 유동비율과 당좌비율이 있다. 유동비율은 유동자산(1년 이내 현금화될 수 있는 자산)을 유동부채(1년 이내 갚아야 하는 부채)로 나눈 것으로, 이것으로 단기채무 지급능력을 알 수 있다. 일반적으로 200%를 적정선으로 본다.

(2) 활동성비율

활동성비율(activity ratio)이란 기업이 얼마나 능률적으로 자산을 활용하였는가에 대한 정보를 제공하는 것으로 수익(매출액)에 대한 주요 자산의 회전율로 나타내는 것이 일반적이다.

(3) 수익성비율

일정한 기간에 있어서의 기업활동의 최종적인 성과, 즉 손익의 상태를 측정하고 그 성과의 원인을 분석, 검토하는 수익성분석을 행함으로써 재무제표의 내부 및 외부이용자들은 보다 합리적인 의사결정을 할 수 있다. 수익성비율을 산정하는데 사용하는 자본은 기초와 기말잔액의 평균치가 된다. 수익성비율로는 매출액순이익률, 총자본경상이익률, 자기자본경상이익률, 자기자본순이익률, 주당순이익 등이 있다.

3) 정태, 동태비율

(1) 정태비율

한 시점에 있어서 재정상황을 나타내는 대차대조표를 기초로 산출한 비율로 자산과 부채 각 항목의 재무비율을 말한다. 자산구성과 자본구성이 균형을 취하고 있는가, 유동성은 유지되고 있는가 하는 정태적인 분석을 목적으로 한다. 정태비율로서 일반적인 것은 현금비율, 당좌비율, 유동비율, 고정비율, 고정장기적합률, 부채비율, 자기자본비율, 고정자산구성비율 등이 있다.

(2) 동태비율

재무비율분석에서 사용되는 비율은 그 비율을 계산하기 위한 항목이 어떤 재무제표에서 추출된 것인가에 따라 손익계산서에서 추출된 것인 경우 동태비율, 대차대조표에서 추출된 것인 경우 정태비율(static financial ratio), 대차대조표, 손익계산서 모두에서 추출된 경우 혼합비율(mixed financial ratio)이라고 한다. 이러한 분류는 대차대조표가 일정시점의 기업의 재무상태를 나타내고 있다는 점, 손익계산서가 일정기간에 걸친 기업의 활동성과를 나타낸다는 점에서 이루어진 것이다. 정태비율의 예로는 부채비율, 유동비율 등이 있으며, 동태비율로는 순이익증가율, 매출액증가율 등을 들 수 있고, 혼합비율로는 고정자산회전율, 총자산회전율 등이 그 예이다.

핵심용어

회계(accounting)

특정의 경제적 실체(economic entity)에 관하여 이해관계를 가진 사람들에게 합리적인 경제적 의사결정을 하는 데 유용한 재무적 정보(financial information)를 제공하기 위한 일련의 과정 또는 체계.

개인·기업·국가 등 경제주체의 경제활동과 관련하여 경제적 변동상황을 일정한 계산방법으로 기록하고 정보화(情報化)하는 일 또는 그 체계. 즉, 회계(會計)란 회계정보의 이용자가 그들의 판단이나 의사결정을 할 수 있도록 경제적 정보를 식별하고 측정해서 전달하는 과정인 것이다. 따라서 회계의 목적은 정보의 이용자에게 유용한 정보를 정확·신속하게 제공하는데 있다.

한편, 국가의 경제활동과 관련된 회계는 일반회계와 특별회계로 나누어진다. 일반회계(一般會計)는 특정의 사업이나 자금 등에 의하여 한정되지 않는 국가의 기본적 기능을 위한 회계이고, 특별회계(特別會計)는 주로 행정서비스의 대상이 한정된 것 또는 국가가 특정한 사업을 운영할 때 등을 위한 회계이다.

관리회계와 재무회계

정보이용자의 경제적 의사결정에 유용한 정보를 제공함을 목적으로 함. 재무회계와 관리회계의 공통된 논의를 하는 학문이 원가회계. 원가회계는 제품원가계산(원가정보산출)이 기본적인 목적으로 이를 이용하여 재고자산금액, 매출원가 등을 결정하고(이상 재무회계), 이외에도 원가의 관리, 통제, 성과의 측정과 평가에 필요한 정보를 제공하는 목적도 있음(이상 관리회계)

대차대조표

대차대조표는 일정시점의 재무상태를 표시하는 재무제표다.

손익계산서

손익계산서는 일정기간의 경영성적을 나타나는 재무제표다.

재무제표

손익계산서, 대차대조표, 잉여금(결손금)처분계산서, 현금흐름표, 그리고 이들에 대한 주기와 주석사항까지도 재무제표에 포함하고 있다. 주기와 주석사항까지 포함된 것은 손익계산서나 대차대조표 등을 보더라도 그에 대한 세부내역이나, 특이사항까지는 알 수가 없기 때문에 더나은 정보제공을 위해서 주석까지 포함을 하고 있는 것이다. 회계라는 것 자체가 특정대상에게 유용한 재무정보를 제공해주는 일련의 활동이고 이에 대한 결과적인 수단으로 재무제표가 활용되어지는 것이다.

재무비율의 산정

가. 유동성비율

- 유동성비율 : 기업의 단기채무 변제능력을 평가
- 단기투자와 단기자금조달 간의 적합성 검증

유동비율(Current Ratio)

- 유동비율 =유동자산/유동부채
- 기업의 단기채무에 대하여 이를 변제하기 위하여 필요한 유동자산의 상대적인 크기

당좌비율(Quick Ratio)

- 당좌비율 =당좌자산 /유동부채
- 유동자산 중에서 가장 짧은 기간에 현금화가 가능한 당좌자산(Quick Asset, 방어자산)과 유동부채의 규모를 비교함으로써 기업의 단기지급능력을 보수적으로 측정함. 재고자산의 규모가 크고 장기 체화된 경우라면 유동비율은 우수하지만 당좌비율은 불안정한 상태가 될 수 있다. 이런 경우에는 유동비율로 기업의 단기채무변제능력을 평가하기는 어렵다.

나. 안정성 비율

- 자산의 공급원천인 지분(Equity)은 소유주 지분과 채권자지분으로 구분
- 경기변동에 따른 기업의 장기적인 대응능력을 평가
- 청산시 채무자에 대한 보호정도 측정

부채비율(Debt to EquityRatio)

- 부채비율 =(유동부채+비유동부채) / 자기자본(소유주 자본)
- 자본에 대한 부채의 상대적인 크기
- 기업의 재무위험(Financial Risk)을 나타냄.

자기자본비율(Owner's Equity toTotal Assets)

• 자기자본비율 =자기자본/총자산

• 기업의 총자산 중에서 소유주의 몫이 얼마인가를 나타냄

안정성비율은 채권자 지분과 소유주 지분의 관계를 이용하여 기업의 장기채무 불이행 위험을 평가한다.

운전자본

기업의 일상적 활동을 위해 투입된 자본. 곧, 원자재 · 상품구입, 인건비 지급 따위에 쓰이는 유동적인 자본. 유동자본 ↔ 설비자본

자산(asset)

개인이나 법인이 소유하고 있는 유형 · 무형의 유가치물(有價値物). 일반적으로 재산과 같은 뜻으로 쓰이며, 유형 · 무형의 물품 · 재화나 권리와 같은 가치의 구체적인 실체(實體)를 말한다. 기업회계상의 자산은 자본의 구체적인 존재형태(存在形態)를 말하는 것으로, 이연자산(移延資産)까지도 포함하고 있는 점에서 일반적인 재산개념보다도 넓다. 경제학에서 말하는 자본재는 거의 자산과 동일하다. 자산은 여러 기준에 따라서 분류가 가능하나 회계상으로는 유동자산 · 고정자산 · 이연자산으로 나누어진다.

대차대조표(balance sheet)

매년 일정시기에 기업의 재정상태를 등식에 의하여 표시한 일람표를 말한다. 그러나 이와 같은 평균형식을 취하는 외에 현재 미국에서 사용하고 있는 차감식인 보고서식 대차대조표가 있다. 이것은 기업의 재정실태를 표시한다는 뜻에서 재정표(financial statement) 혹은 재무실태표(statement of financial condition)라고도 한다. 그것은 그 시점에서 기업이 소유하고 있는 자산, 기업이 차용한 부채 및 순자산의 완전한 표를 제시한다. 대차대조표를 1년간의 영업의 기록인 손익계산서와 혼동해서는 안된다.

재무제표(financial statement)

재무제표는 기업의 이해관계자에 대하여 그들의 경제적 의사결정에 기여하는 정보를 제공하기 위하여 기업의 거래를 측정 · 기록분류 · 요약 · 작성하는 회계보고서이다. 재무제표의 종

류에는 기업의 재무상태를 표시하는 대차대조표, 영업활동의 성과를 표시하는 손익계산서, 경영활동의 결과를 분배하는 이익잉여금처분계산서 그리고 현금의 조달과 용을 표시하는 현금흐름표가 있다.

수익(revenue)

생산적 활동에 의한 가치의 형성 또는 증식을 뜻하며 생산적 급부(재화 또는 용역)의 제공에 의하여 기업이 받는 대가(매출액)로 측정된다. 기업의 이익은 수익을 근원으로 한다. 즉 '수익 – 비용 = 이익'의 산식에 의하여 이익이 산정된다.

비용(expense)

소비된 가치의 크기를 말하며 회계학 · 경제학상으로는 기업의 아웃풋(output : 상품 등)을 생산하는 데 필요한 여러 생산요소에 지급되는 대가, 즉 토지세 · 건물 · 기계 등의 감가상각비, 임금 · 이자 · 보험료 등을 말한다.

이익(profit)

일정기간 발생한 총수익에서 총비용을 차감하여 계산되며 기업회계기준에는 매출총이익, 영업이익, 경상이익, 법인세 차감이익 그리고 당기순이익 등으로 표시된다.

참 · 고 · 문 · 헌

고석면, 호텔경영론, 기문사, 2009.

김경환, 호텔경영학, 백산출판사, 2011.

김경환, 차길수, 호텔경영학, 현학사, 2003.

김귀현, 경영학 원론, 형설출판사.

김정근, 호텔경영론, 대왕사, 1997.

김충호, 호텔경영학, 형설출판사, 1991.

박대환 · 박봉구 · 이준혁 · 오흥철 · 박진우, 호텔경영론, 백산출판사, 2012.

박중환, 호텔서비스 평가에 관한 연구, 동아대 박사학위 논문, 1995.

신우성, 호텔관광마케팅, 기문사, 2006.

신유근, 한국의 경영: 그 현상과 전망, 박영사, pp.104-173.

오문환 · 하헌국, 호텔경영론, 한올출판사, 1995.

오정환, 호텔마케팅전략, 기문사, 1996.

원유석 · 박경호 · 김인웅, 호텔경영학 총론, 대왕사, 2011.

원융희, 호텔계획 개발론, 대왕사, 1990.

원융희, 호텔실무론, 백산출판사, 1995.

원융희, 현대호텔식당경영론, 대왕사, 1989.

유철경, 호텔식음료경영과 실무, 백산출판사, 1994.

이순구 · 박미선, 호텔경영의 이해, 대왕사, 2012.

이유재, 서비스 마케팅, 학현사, 1985.

임형택, 관광호텔마케팅론, 새로미, 2014.

장곡정홍 편저, 한국국제관광개발연구원 역, 관광학사전, 백산출판사, 2000.

정수영, 신경영학개론, 박영사, 1990.

주종대, 호텔객실업무론, 대왕사, 1992.

차길수, 호텔경영학개론, 도서출판 학림, 2014.

하동헌, 신호텔경영론, 한올출판사, 2008.

한진영 · 지계용, 호텔경영학개론, 새로미, 2013.

허정봉 · 송대근, 호텔리어를 위한 호텔경영학의 만남, 대왕사, 2007.

Andrew Lockwood and Peter Jones, People and the Hotel and Catering Industry, Cassell, 1991.

Booms, B. H. & M.G. Bitner, Marketinng Strategies and Organizational Structrctures for Service Firms, in Marketing of Services ed.

Brian Goodall & Gregory Ashworth, Marketing in the Tourism Industry, Routledge, 1990.

Christopher H. Lovelock, Service Marketing, Prentice-Hall, Inc., 1984.

Clare A. Guun, Tourism planning, Taylor & Trancis, 1988.

David A. Collier, Service Management : Operating Decisions, Prentice-Hall, Inc., 1987.

Dennis J. Gayle & Jonathan N. Goodrich, Tourism Marketing and Management in the Caribbean, Routledge, 1993.

Dewitt, C. Coffman, Marketing for a Full House, Cornell University, 1984.

Donnelly, J. M. & W.R. George, 1981.

James A. Bardi, Hotel Front Management, Thomson Information/Publishing Group, 1990. 26-27.

Kotler, P. Marketing Management, 7th ed. 1991.

Les Lumsdon, Tourism Marketing, International Thomson Business Press, 1997.

Mary L. Tanke, Human Resources Management for the Hospitality Industry, Delma Publishing Inc., 1990.

Masie, J.L. Essential of Management, Prentice-Hall, 1979, p.69.

Philip .G. Davidoff and Doris S. Davidoff, Sale and Marketing for Travel and Tourism, National Publishers, 1983.

Richard Teare and Michel Olsen, International Hospitality Management : Corporate Strategy in Practice, John Wiley & Sons, Inc., 1992.

Richard Vaughn, How Advertising Works : A Planning Model, Journal of Advertising, 20(5), 1980, p.31.

Robert. W. M. & Charles. R. G., Tourism : Principles, Practices, Philosophies, Prentice-Hall, 1986.

Robert G. Murdic, Barry Render, Roberta S. Russell, Service Operations Management, Allyn and Bacon, 1990.

Suzanne Steward Weissinger, Hotel/Motel Perations L An Overview, South-Western Publishing Co., 1989.

Williams S, Gray and Salvatore C. Liguori, Hotel & Motel Management and Operations, Prentice-Hall, p.52.

찾 · 아 · 보 · 기

▌저자소개

정성채

스페인 마드리드 관광대 졸업
스페인 UPM 대학교 대학원 호텔경영학 석사
스페인 UAB 대학교 대학원 관광경영학 석사
스페인 UAB 대학교 대학원 관광경영학 박사

現 호남대학교 관광경영학과 교수
  한국문화관광학회 회장
  World Cultural Tourism Association(세계문화관광학회) 회장
  World Tourism Association(세계관광학회) 회장

  International Journal of Culture and Tourism Research 편집장
  Journal of Culture and Tourism Research 편집장
  International Journal of Tourism Research 편집장
  Turizam: International Scientific Journal 편집위원
  Geographica Pannonica: International Scientific Journal 편집위원
  International Journal of Tourism Management 편집위원
  International Academic Association MEI 편집위원
  Science Journal of Business Management 편집위원
  Management Engineering and Information 편집위원
  Journal of Hospitality Management and Tourism, International Journal 편집위원
  Malaysia, University of Malaya 인사사정관

호텔경영론

2015년 3월 10일 초판 1쇄 인쇄
2015년 3월 15일 초판 1쇄 발행

지은이 정성채
펴낸이 진욱상 · 진성원
펴낸곳 백산출판사
교 정 편집부
본문디자인 구효숙
표지디자인 오정은

저자와의
합의하에
인지첩부
생략

등 록 1974년 1월 9일 제1-72호
주 소 서울시 성북구 정릉로 157(백산빌딩 4층)
전 화 02-914-1621/02-917-6240
팩 스 02-912-4438
이메일 editbsp@naver.com
홈페이지 www.ibaeksan.kr

ISBN 979-11-5763-050-9
값 20,000원